Terrarieneinrichtung

Grundlagen, Materialien, Methoden

Thomas M. Wilms

181 Fotos
1 Tabelle

W0192422

Terrarien  Bibliothek

Natur und Tier - Verlag

Bildnachweis Umschlag
Titelbild: Bau eines Kunstfelsens aus Styropor (oben)   Foto: H. Werning
          Nordamerika-Anlage im Frankfurter Zoo (unten links)   Foto: T. Wilms
          Kunstbaum in einem Tropenterrarium (Vivarium Karlsruhe, vgl. S. 103) (unten rechts)   Foto: T. Wilms
Hintergrund: Roter Terrariensand   Foto: M. Schmidt

1. Auflage 2004
2. Auflage 2005

ISBN 3-931587-90-8

© Natur und Tier - Verlag GmbH
An der Kleimannbrücke 39/41
48157 Münster
Geschäftsführung: Matthias Schmidt
Lektorat: Heiko Werning & Kriton Kunz
Layout: Nick Nadolny
Druck: Alföldi, Debrecen

Inhaltsverzeichnis

Vorwort

Die Idee, ein Buch über Terrarieneinrichtung zu schreiben, beschäftigte mich bereits seit einiger Zeit. Der endgültige Entschluss nahm jedoch erst in den letzten zwei, drei Jahren konkrete Formen an. Es sollte ein Buch werden, in dem einerseits die Beziehungen und Wechselwirkungen zwischen dem Tier und seiner Umwelt im Mittelpunkt stehen, andererseits aber auch konkrete und detaillierte Informationen zu Baumaterialien und Methoden enthalten sind. Gerade das weitgehende Fehlen von Informationen zu letztgenanntem Themenkomplex in der gängigen Literatur bestärkte mich darin, mein Vorhaben in die Tat umzusetzen.

Entsprechend dieser Vorplanung ist das Buch in zwei große Themenbereiche gegliedert: Der erste Teil beschäftigt sich mit den für die Haltung im Terrarium relevanten Aspekten der Biologie von Amphibien und Reptilien sowie ihrer Berücksichtigung in der terrarienkundlichen Praxis. Aufbauend auf den im ersten Teil dargestellten Informationen werden im zweiten Teil Materialien und Methoden vorgestellt, die für die Gestaltung der Einrichtung eines Terrariums geeignet sind. Ich habe großen Wert darauf gelegt, dass alle hier aufgezeigten Methoden und Materialien ohne allzu große handwerkliche Vorkenntnisse anwendbar bzw. zu bearbeiten sind. Aus diesem Grund habe ich auch darauf verzichtet, handwerklich sehr anspruchsvolle Methoden, wie beispielsweise verschiedene Abgusstechniken, in das Buch aufzunehmen.

An dieser Stelle möchte ich eindringlich darauf hinweisen, dass alle grundlegenden Sicherheitsvorschriften beim Umgang mit den im Buch genannten Werkzeugen, Chemikalien und Baumaterialien eingehalten werden müssen, um – teilweise ernsthafte – Verletzungen und Erkrankungen zu vermeiden. Gerade beim Umgang mit Chemikalien sollte man sich im Vorfeld mit den potenziellen Gefahren vertraut machen, sich an die Vorschriften und Hinweise der R- und S- Sätze genau halten und die Chemikalien nach Vorschrift verarbeiten. Entsprechende Sicherheitsdatenblätter können bei den Herstellerfirmen oder im Internet angefordert bzw. abgerufen werden.

Die Einrichtung eines Terrariums spielt für eine artgerechte Tierhaltung eine bedeutende Rolle. Man darf jedoch nicht dem Trugschluss unterliegen, dass nur naturnah eingerichtete Terrarien eine artgerechte Amphibien- und Reptilienhaltung ermöglichten. Zwar liegt im vorliegenden Buch der Schwerpunkt eindeutig auf der Nachbildung naturähnlicher Lebensräume im Terrarium; trotzdem ist eine Tierhaltung in weniger aufwändig eingerichteten, funktionalen Behältern durchaus möglich und in vielen Fällen sogar nötig – man denke nur an eine Haltung unter Quarantänebedingungen oder in den Verkaufsanlagen von Zoofachgeschäften. In allen Fällen müssen jedoch die grundlegenden Ansprüche, die ein Tier an seine Umwelt stellt, erfüllt werden.

Und dennoch ist es eine Tatsache, dass von schön bepflanzten Tropenterrarien oder mit bizarren Felsen strukturierten Wüstenbehältern eine sehr große Faszination und Anziehungskraft ausgehen, die geeignet sind, auch den Nicht-Terrarianer für das Hobby Terraristik zu begeistern und die von spartanisch eingerichteten Behältern sicherlich nicht erreicht werden.

Bad Dürkheim, 2004
Thomas M. Wilms

1. Amphibien und Reptilien in ihrer natürlichen Umgebung

Betrachtet man, wie sich Amphibien und Reptilien unter den jeweiligen klimatischen und räumlichen Bedingungen ihres Lebensraums verhalten, so lassen sich daraus viele Schlüsse für eine artgerechte Terrarienhaltung ziehen. Diesem Thema widmet sich das folgende Kapitel. Ziel ist es, die Lebensäußerungen unserer Pfleglinge besser zu verstehen, um ihnen durch eine adäquate Terrarieneinrichtung bessere Lebensbedingungen bieten zu können.

Im Mittelpunkt der Betrachtungen stehen sowohl der Temperatur- und Wasserhaushalt als auch die Prinzipien, nach denen sich Amphibien und Reptilien in einem strukturierten Lebensraum bewegen. Dabei werden Parameter wie Temperatur und Feuchtigkeit sowie deren jahres- und tageszeitliche Schwankungen, die artgerechte Gestaltung des „Lebensraumes Terrarium" und seine Untergliederung in Mikrohabitate angesprochen.

1.1 Allgemeine Betrachtung zur Biologie von Amphibien und Reptilien

Amphibien und Reptilien sind als wechselwarme (ektotherme) Tiere fast ausschließlich von äußeren Wärmequellen zur Aufrechterhaltung ihrer Körpertemperatur abhängig. Dadurch haben sie im Vergleich zu „Warmblütern" (endotherme Tiere), wie Vögeln und Säugetieren, einen wichtigen ökologischen Vorteil: Sie müssen nicht den überwiegenden Teil der Energie, die sie mit ihrer Nahrung aufnehmen, in die Erzeugung von Körperwärme investieren. Als Resultat daraus sind Amphibien und Reptilien in der Lage, mit einer im Vergleich zu warmblütigen Tieren sehr geringen Nahrungsmenge auszukommen. Sie werden daher auch als „low-energy animals" („Niedrigenergie-Tiere") bezeichnet. Etwa 40–80 % der mit der Nahrung aufgenommenen Energie werden bei ihnen in das Wachstum, die Fortpflanzung und in den Aufbau von körpereigenen Energiespeichern (Fett,

Glycogen) investiert, während bei endothermen Tieren etwa 98 % der aufgenommenen Energie für die Erzeugung von Körperwärme aufgewendet wird (ZUG et al. 2001). Eine Echse ist daher beispielsweise in der Lage, mit einer Tages-Nahrungsration eines Vogels der gleichen Größe etwa einen Monat lang zu überleben (PIANKA 1986).

Aus diesen energetischen Verhältnissen erklärt sich auch die Tatsache, dass im Vergleich zu endothermen Tieren ein

Phyllomedusa hypochondrialis, **ein Bewohner der oberen Etagen tropischer Wälder**
Foto: T. Wilms

Ptyodactylus hasselquisti **variiert seine Aktivitätszeit je nach Jahreszeit und Klima (tag-, nachtaktiv).** Foto: T. Wilms

überproportionaler Anteil der Amphibien und Reptilien nur eine geringe oder sehr geringe Körpergröße erreicht: Etwa 80 % der Echsen und ca. 90 % der Frosch- und Schwanzlurche wiegen als erwachsenes Tier weniger als 20 g, während das Gewicht der überwiegenden Zahl der Säugetierarten deutlich darüber liegt (POUGH et al. 1998). Je kleiner ein Tier ist, desto größer wird seine Oberfläche in Relation zum Körpervolumen, und der Wärmeverlust an die Umgebung steigt damit deutlich an (PFLUMM 1989). Für endotherme Tiere entsteht dadurch das Problem, dass kleine Tiere zur Aufrechterhaltung ihrer Körpertemperatur proportional mehr Energie aufwenden müssen als größere. Kleinheit ist daher für ein warmblütiges Tier aus energetischer Sicht sehr teuer, d. h. mit einem hohen Bedarf an Nahrung verbunden. Für wechselwarme Tiere stellt sich dieses Problem nicht. Sie beziehen die zur Aktivität benötigte Wärme aus der Umgebung, und ihr Energiebedarf ist so gering, dass er durch die im Lebensraum verfügbaren Nahrungsressourcen problemlos gedeckt werden kann.

Eine der wichtigsten Folgen der Ektothermie ist daher, dass die Tiere bezüglich ihres Stoffwechsels und ihrer Aktivität stark von äußeren Faktoren abhängig sind. Bei niedrigen Temperaturen ist ihre Aktivität meist deutlich eingeschränkt (beispielsweise Winterruhe, Winterstarre, nächtliche Phase der Inaktivität), während die Tiere bei hohen Umgebungstemperaturen ihre Körpertemperatur durch physiologische- und/ oder Verhaltensanpassungen innerhalb eines für die jeweilige Art spezifischen Bereiches halten (Thermoregulation). Die Veränderungen der Körpertemperatur bei ektothermen Wirbeltieren beeinflussen alle weiteren Körperfunktionen, wie beispielsweise Stoffwechsel, Reaktionsfähigkeit und Wasserhaushalt, um nur einige zu nennen.

Aufgrund dieser für wechselwarme Tiere charakteristischen Verhältnisse ergeben sich im Vergleich zu Vögeln und Säugetieren wichtige Unterschiede bezüglich der Ansprüche, die an eine künstliche Umgebung im Rahmen einer artgerechten Tierhaltung zu stellen sind. Amphibien und Reptilien sind weit weniger als die genannten warmblütigen Tiergruppen in der Lage, Bedingungen, die deutlich von denen ihrer natürlichen Lebensräume abweichen, zu kompensieren oder zu tolerieren. Daher ist für eine artgerechte Pflege von Amphibien und Reptilien meist eine möglichst naturnahe Nachahmung der klimatischen und strukturellen Bedingungen im Lebensraum der jeweiligen Art zu gewährleisten.

1.2 Der Wärmehaushalt

Reptilien und Amphibien als wechselwarme Lebewesen sind in ganz besonderem Maß von den klimatischen Bedingungen in ihrem Lebensraum abhängig. In diesem Zusammenhang erscheint es

Mit dem nötigen Know-How und etwas Geschick läßt sich nicht nur den Bedürfnissen der Tiere nachkommen. Man kann sich auch eine eigene kleine Welt in die heimische Wohnung holen. Foto: B. & W. Schwarz

Ausschnitt aus einem Wüstenterrarium für Dornschwanzagamen (*Uromastyx dispar maliensis*) Foto: M. Schmidt

Trogonophis wiegmanni, die Schachbrett- Doppelschleiche, eine überwiegend unterirdisch lebende Art, die zu den thigmothermen Arten gezählt wird.   Foto: T. Wilms

notwendig, die Unterschiede zwischen Makroklima, also dem Großklima, dessen Parameter in einer Höhe von 2 m gemessen werden, und dem Mikroklima, also dem Klima der bodennahen Schichten, herauszustellen. Die einschlägigen Klimaatlanten (bspw. GRÜNEWALD et al. 1982 & 1983; MÜLLER 1987) enthalten ausschließlich Daten zum Makroklima. Informationen zum Klima im eigentlichen Lebensbereich der uns interessierenden Tiere sind nur schwer zu finden, sie können aber, etwas Erfahrung vorausgesetzt, aus den Informationen zum Lebensraumtyp und dem Makroklima abgeleitet werden.

Das Mikroklima weicht oft erheblich vom Makroklima einer Gegend ab und unterliegt beispielsweise dem Einfluss der kleinräumigen Strukturierung des Lebensraumes. Faktoren, die das Mikroklima maßgeblich bestimmen, sind etwa die Lage des Gebietes (Luv- oder Leeseite von Gebirgen), Bodenoberfläche und -beschaffenheit, Niederschlagsmenge, Vegetationsdichte sowie Art und Stärke einer bodenbedeckenden Schicht (Laub, Totholz, Felsen etc.). Boden- und Untergrundtemperaturen können in geschützten Lagen wesentlich höher liegen als der lokale Durchschnitt, wobei Konsistenz, Struktur, Farbe und Absorptionsfähigkeit des Bodens den Temperaturgradienten eines Gebietes maßgeblich beeinflussen (HALLER-PROBST 1997). Die Wirkung einer strukturierten Umwelt auf das Mikroklima kann man sich beispielsweise durch die Tatsache verdeutlichen, dass einheimische Mauereidechsen (*Podarcis muralis*) in geschützten Bereichen einer Felswand oder einer Legsteinmauer bereits im Februar beim Sonnen beobachtet werden können. Die Lufttemperaturen betragen dann meist nur

Dornschwanzagamen (hier *Uromastyx acanthinura nigriventris* aus Figuig, Ost-Marokko) gehören zu den am meisten hitzeresistenten Reptilienarten. Foto: T. Wilms

wenige Grad Celsius über Null, während in besonnten Felsnischen durchaus Werte von 15–20 °C und mehr erreicht werden können.

Die meisten Reptilien- und Amphibienarten sind in der Lage, ihre Körpertemperatur in bestimmten Grenzen zu halten, indem sie bestimmte Verhaltensweisen an den Tag legen (Thermoregulatorisches Verhalten) oder ihre Körpertemperatur durch physiologische Mechanismen (Physiologische Thermoregulation) beeinflussen.

Thermoregulatorisches Verhalten

Reptilien und Amphibien nutzen die in ihrem Lebensraum vorhandenen, mosaikartig verteilten unterschiedlichen Temperaturzonen, um ihre eigene Körpertemperatur in einem artspezifischen Bereich zu regulieren. Besonders ausgeprägt ist dieses Verhalten bei Arten aus Lebensräumen mit extremen oder stark wechselnden Temperaturen (z. B. Savannen, Steppen, Halbwüsten, Wüsten), in denen die Gefahr einer lebensbedrohenden Überhitzung sehr groß ist. Aber auch die überwiegende Zahl von Arten aus dem tropischen Regenwald reguliert ihre Körpertemperatur mittels entsprechender Verhaltensweisen. Es gibt jedoch auch Arten, deren Körpertemperatur meist mit der Umgebungstemperatur übereinstimmt. Diese so genannten thermopassiven (oder thermokonformen) Tiere findet man sowohl in schattigen, sehr dicht mit Wald bestandenen Lebensräumen als auch in offenen Habitaten (HEATWOLE 1983; POUGH et al. 1998; DIMAKI 2000).

Eine wichtige Rolle bei der Regulation der Körpertemperatur spielt die Variation der Aktivitätszei-

ten, die in Abhängigkeit von der jeweiligen Art entweder jahres- und/oder tageszeitlichen Schwankungen unterworfen ist (EVENARI 1985). Die Tiere entgehen so den besonders heißen Tages- und/oder Jahreszeiten. Während der Zeit der Inaktivität halten sich die Tiere an Orten auf, die sowohl bezüglich der Temperatur als auch der Feuchtigkeit gute Bedingungen bieten (so genannte Mikro-Nischen) (EVENARI 1985). Während sich Tiere aus offenen Lebensräumen in den Zeiten ungünstiger Umgebungstemperaturen meist in ihre Versteckplätze zurückziehen, haben Arten aus baumreichen Lebensräumen die Möglichkeit, sich in schattige Bereiche zu begeben und ihre Aktivität aufrecht zu erhalten.

Es gibt Arten, die vor allem oder ausschließlich in der Nacht aktiv sind, und andere, deren Hauptaktivitätszeit während des Tages liegt. So ist z. B. die überwiegende Zahl der Gecko- (Gekkonidae) und Flossenfußarten (Pygopodidae) nachtaktiv – einige, wie der Arabische Dünnfingergecko (*Stenodactylus arabicus*) aus den Sandwüsten Südarabiens, kommen sogar erst deutlich nach Sonnenuntergang aus ihren Tagesverstecken. Andere hingegen variieren ihre Hauptaktivitätszeit je nach Jahreszeit und/oder Klima. Mauer- (*Tarentola* spp.) und Fächerfingergeckos (*Ptyodactylus* spp.) können z. B. regelmäßig am Morgen beim Sonnen beobachtet werden, ziehen sich aber während der extremen Tagestemperaturen in ihre Verstecke zurück. Ihre größte Aktivität entfalten diese Tiere während der Nacht. Es kommt jedoch auch vor, dass tagaktive Arten während der heißen Jahreszeit von der Tagaktivität zur Nachtaktivität übergehen, so etwa viele Wüstenschlangen (SAINT GIRONS 1980 zit. in BRADSHAW 1986). Neben dieser radikalen Umstellung des artspezifischen Aktivitätsmusters gibt es auch die Möglichkeit, die Aktivitätsphasen während eines Tages zu verlagern. Dadurch erreichen die Tiere, dass sie gleiche oder ähnliche thermische Umgebungen während unterschiedlicher Jahreszeiten zu verschiedenen Tageszeiten aufsuchen können (PIANKA 1986). Diese Strategie wird von einer Reihe unterschiedlicher sonnenliebender (heliophiler) Wüstenechsen verfolgt, beispielsweise von Dornschwanzagamen (Uromastyx spp.), von Fransenfingereidechsen (Acanthodactylus spp.) sowie von der australischen Agame Ctenophorus nuchalis (BRADSHAW 1986; GRENOT 1976; PÉREZ-MELLADO 1992; WILMS & HULBERT 2003). Diese Tiere zeigen während der sehr heißen Sommermonate eine so genannte „bimodale Aktivitätsstruktur" mit je einer Aktivitätszeit am Vor- und einer am Nachmittag. Dadurch meiden die Tiere die Temperaturspitzen während der Mittagszeit im Hochsommer. Während der kühleren Jahreszeit ist ihre Aktivität indes auf eine einzelne Aktivitätsperiode am Mittag beschränkt, während der nun wärmsten Zeit des Tages.

Die Fähigkeit, hohe Temperaturen auszuhalten, ist bei verschiedenen Arten äußerst unterschiedlich ausgeprägt und steht in enger Verbindung zu den klimatischen Bedingungen in ihrem Lebensraum. Reptilien aus Wüstengebieten sind in der Regel in der Lage, hohe bis sehr hohe Körpertemperaturen zu tolerieren. So beträgt das experimentell ermittelte Temperaturoptimum bei der Nordafrikanischen Dornschwanzagame (Uromastyx acanthinura) 39–41 °C, das freiwillige Temperaturmaximum 43–46 °C. Diese Agame gehört damit zu den am besten an extrem heiße Lebensräume angepassten Arten. Eine ähnliche Resistenz gegenüber hohen Temperaturen ist nur noch vom Nordamerikanischen Wüstenleguan (Dipsosaurus dorsalis) und vom Chuckwalla (Sauromalus obesus) bekannt (GRENOT 1976). Selbst einige Froschlurcharten sind in der Lage, erstaunlich hohe Temperaturen zu ertragen: So beginnen z. B. einige Vertreter der Gattungen Phyllomedusa (Makifrösche) und Chiromantis (Greiffrösche) erst bei einer Körpertemperatur von 38–40 °C damit, durch die Abgabe von Sekreten ihre Körperoberfläche zu kühlen (ZUG et al. 2001). Im Gegensatz dazu vertragen

viele Arten aus kühleren Lebensräumen keine hohen Umgebungstemperaturen, und hier sind vor allem solche aus Regenwäldern, Bergwäldern, Nebelwäldern und offenen Hochgebirgslebensräumen hervorzuheben. Bei ihnen kann bereits eine kurzfristge Überschreitung der Vorzugstemperatur zu einer irreversiblen Schädigung des Organismus führen. Aber auch nicht angepasste tägliche oder jährliche Temperaturschwankungen können ernsthafte Auswirkungen auf das Tier haben. Besonders bei Arten aus kühlen Bergwäldern und offenen Hochgebirgslebensräumen, die bedeutende Temperaturunterschiede zwischen Tag und Nacht aufweisen, hat eine zu geringe Absenkung der Temperatur während der Nacht katastrophale Auswirkungen auf das Tier. Als Vertreter, die in dieser Kategorie einzuordnen wären, möchte ich hier die afrikanischen Hochlandchamäleons, viele Erdleguane (Liolaemus spp.) und Hochgebirgsleguane (Phymaturus) nennen. Diese Tiere quittieren Haltungsbedingungen ohne eine Absenkung der Temperatur auf 10–15 °C in der Nacht binnen kurzer Zeit mit dem Ableben.

Viele Arten zeigen spezifische Verhaltensweisen, um die Aufnahme von Wärme aus der Umgebung zu verbessern. Sie pressen sich z. B. bei niedrigen Körpertemperaturen auf den warmen Bodengrund und flachen dabei den Körper ab, um die Wärme über eine möglichst große Oberfläche aufzunehmen. Ein ähnliches Verhalten kann auch beim Sonnen beobachtet werden. Auch hier vergrößern bodenbewohnende Arten durch Spreizen der Rippen ihre Körperoberfläche und verändern ihre Position zur Sonne derart, dass die Sonnenstrahlen möglichst senkrecht auftreffen. Baumbewohnende Arten mit einem lateral (seitlich) abgeflachten Körperbau stellen sich ebenfalls so zur Sonne, dass die Strahlen senkrecht auftreffen. Mit steigender Körpertemperatur vergrößern viele Echsen zunehmend den Abstand zwischen Bodengrund und Körper, um die Aufnahme von Wärme aus dem Boden zu verringern. Oft suchen sie auch erhöht liegende Stellen auf, beispielsweise einen Felsblock oder einen Ast, und stellen sich geradezu „in den Wind". Dadurch erreichen die Tiere die Ableitung warmer Luftschichten vom Körper und dadurch eine Abkühlung der Körperoberfläche. Da Reptilien nicht schwitzen können, beginnen stark erhitzte Exemplare zu hecheln, um über die Verdunstung von Speichel ihre Körpertemperatur weiter abzusenken, bevor sie sich in den Schatten oder in ein Versteck zurückziehen.

In diesem Zusammenhang muss darauf hingewiesen werden, dass selbst im gleichen Großlebensraum anzutreffende Tierarten durchaus unterschiedliche Temperaturansprüche haben können (VERNET et al. 1988; HATANO et al. 2001). Als Folge dieser abweichenden Ansprüche nutzen die verschiedenen Arten deutlich voneinander abweichende Bereiche des Lebensraumes, sodass es zu einer Verringerung der Konkurrenz um die verfügbaren Ressourcen zwischen den Arten innerhalb einer solchen spezifischen Reptilien- oder Amphibiengemeinschaft kommt.

Ganz offensichtlich ist dieses Phänomen in wüstenartigen Lebensräumen. Dort nutzen z. B. verschiedene tagaktive Wüstenechsen verschiedene Mikrohabitate und teilen sich so einen Lebensraum, wobei sie immer ihren artspezifischen Temperaturansprüchen folgen. Als Beispiel mag eine typische Echsengemeinschaft der Mojave-Wüste dienen. Während die Zebraschwanzleguan (*Callisaurus draconoides*) zur Zeit der höchsten Strahlungsintensität aktiv und dann fast immer im Bereich direkter Sonneneinstrahlung zu finden ist, hält sich der Seitenfleckenleguan (*Uta stansburiana*) hingegen meist im Schatten niedriger Büsche auf. Zwei weitere Leguanarten, der Wüsten-Stachelleguan (*Sceloporus magister*) und der Baumleguan *Urosaurus graciosus*, sind hingegen fast immer in einiger Höhe zu finden (PIANKA 1986). Nach H. WERNING (pers. Mittlg.) findet man den Wüsten-Stachelleguan sowohl auf Bäumen als auch an Felswänden, während *Urosaurus graciosus* alternativ Bäume oder große Kakteen bevorzugt.

Am deutlichsten wird diese unterschiedliche Nutzung verschiedener Mikrohabitate, wenn man im Vergleich zu sonnenliebenden Arten die Lebensweise der so genannten thigmothermen Spezies betrachtet. Der Begriff „thigmotherm" beschreibt eine besondere Weise der Aufnahme von Wärme aus der Umgebung: Diese Tiere setzen sich nicht der direkten Sonnenbestrahlung aus, sondern nehmen Wärme über den Körperkontakt mit dem umgebenden Substrat auf. Typische Vertreter dieser Kategorie findet man beispielsweise in den Gattungen *Trogonophis* (Schachbrett-Doppelschleichen), *Tropiocolotes* (Zwerggeckos), *Saurodactylus* (Echsenfingergeckos) und *Stenodactylus* (Dünnfingergeckos) (SCHLEICH et al. 1996). Die Geckos der Gattungen *Tropiocolotes*, *Stenodactylus* und *Saurodactylus* sind streng nachtaktiv und halten sich am Tag in Sandverstecken oder unter Steinen auf. Bei den Amphisbaenen (beispielsweise *Trogonophis wiegmanni* oder *Diplometopon zarudnyi*) handelt es sich um hochgradig an das Leben unter der Erde angepasste Echsenähnliche. Diese Tiere sind tagaktiv und regulieren ihre Körpertemperatur, indem sie unterschiedliche Regionen ihres Tunnelsystems aufsuchen, in denen die gerade zuträglichen Temperaturen herrschen. An der Erdoberfläche kann man Amphisbaenen nur ausnahmsweise und dann ausschließlich in der Nacht finden.

Die vorangehenden Ausführungen zeigen deutlich, dass die räumliche und zeitliche Nutzung eines Lebensraumes stark von den herrschenden klimatischen Bedingungen sowie von den artspezifischen Bedürfnissen jeder einzelnen Art abhängt. Während die Körpertemperatur aktiver Sonnenanbeter unter den Echsen 38 °C und mehr betragen kann, liegt die Körpertemperatur nachtaktiver und/oder thigmothermer Spezies meist nur um 25 °C (PIANKA 1986).

Physiologische Thermoregulation

Neben den Verhaltensweisen im Dienste der Thermoregulation gibt es auch bei Reptilien eine Reihe physiologischer Mechanismen, die in unterschiedlichem Maß der Einhaltung von artspezifischen Temperaturpräferenzen dienen.

Es können hier grob vier unterschiedliche Mechanismen unterschieden werden (BRADSHAW 1986):

1. Erhöhung der Wärmeproduktion durch metabolische (Stoffwechsel-) Prozesse

Die Erhöhung der Temperatur durch körpereigene Wärmeproduktion ist bei Reptilien relativ gering, und trotzdem ist dieses Phänomen nicht zu vernachlässigen. Der Vergleich baumlebender mit bodenbewohnenden Wüstenechsenarten zeigt, dass die durchweg aktiveren Bodenbewohner ihre Körpertemperatur durch metabolische Körperwärme mehr erhöhen als ihre Verwandten auf den Bäumen (PIANKA 1986, 1994). Offenbar trägt die körpereigene Wärmeproduktion jedoch nur bei größeren Reptilienarten aufgrund des geringeren Verhältnisses zwischen Körpervolumen und Körperoberfläche signifikant zum Gesamtwärmehaushalt bei (BRADSHAW 1986). Bekanntere Beispiele von Reptilienarten, die eine nennenswerte Wärmeproduktion durch Stoffwechselprozesse aufweisen, sind einige Riesenschlangen (beispielsweise der Tigerpython, *Python molurus*) und verschiedene Waranarten (BENNETT 1996; ZUG et al. 2001).

2. Veränderung der Rate des Wärmeaustauschs mit der Umgebung durch Veränderung des Blutkreislaufs

Experimente haben gezeigt, dass die Geschwindigkeit, mit der sich Reptilien beim Sonnen aufheizen, höher ist als die ihrer Abkühlungsrate. Die Ursache für dieses Phänomen ist in der Veränderung des Blutkreislaufes zu suchen. Zum einen erhöhen sich mit zunehmender Temperatur die Herzfrequenz und als Folge davon die Blutmenge, die bestimmte Körperbereiche pro Zeiteinheit durchfließt. Es folgt daraus ein schneller Transport von Wärme ins Körperinnere.

Ein weiterer Faktor, der zur schnelleren Erwärmung des Körpers eines sich sonnenden Reptils führt, ist die Erhöhung der Durchblutung der Haut (POUGH et al. 1998). Diese Durchblutungssteigerung ist offenbar in erster Linie auf einen direkten Einfluss von Wärme auf die glatte Gefäßmuskulatur zurückzuführen, die zu einer Entspannung dieses Muskeltyps und damit zu einer Erweiterung der Gefäße führt (BRADSHAW 1986). Neben dem Transport von Wärme ins Körperinnere kann unter bestimmten Bedingungen auf diese Weise auch ein Abtransport überschüssiger Wärme aus dem Körperinneren stattfinden (POUGH et al. 1998).

3. Veränderung der Färbung (physiologischer Farbwechsel)

Die Resorptionseigenschaften der Haut für Strahlungswärme wird durch ihre Färbung grundlegend beeinflusst. Dunkle Farben resorbieren mehr Wärme, während von hellen Farben ein größerer Teil der Strahlung reflektiert wird. Arten, die in der Lage sind, ihre Körperfärbung zu verändern, nutzen dieses Phänomen, um die Aufnahme von Wärmestrahlung und damit ihre Erwärmungsrate situationsbedingt zu beeinflussen. Sie färben sich also dunkler, wenn sie sich erwärmen wollen, und heller, wenn sie keine weitere Wärme mehr aufnehmen möchten.

4. Kühlung durch Verdunstungskälte

Die Abkühlung des Körpers durch Nutzung von Verdunstungskälte beim Hecheln konnte unter Laborbedingungen bei einer Reihe verschiedener Wüsten be-

Stenodactylus doriae aus dem Zentraloman. Man kann deutlich die erhöht liegenden Nasenöffnungen und die verbreiterten Zehen bei dieser sandbewohnenden Art erkennen.
Foto: T. Wilms

wohnender Arten beobachtet werden (Chuckwallas, *Sauromalus obesus*; Wüstenleguane, *Dipsosaurus dorsalis*; Halsbandleguane, *Crotaphytus collaris*; Nordafrikanische Dornschwanzagame, *Uromastyx acanthinura*; Östliche Bartagame, *Pogona barbata*). Chuckwallas können damit ihre Körpertemperatur über mehrere Stunden um bis zu 4 °C unter die Umgebungstemperatur senken (BRADSHAW 1986).

1.3 Der Wasserhaushalt

Neben der Einhaltung einer zuträglichen Körpertemperatur spielt die Aufrechterhaltung des Wasserhaushaltes bei Amphibien und Reptilien eine große Rolle, und dieser Themenbereich steht in enger Verbindung mit der Regulation des Salzhaushaltes. Die verschiedenen Lebensräume frei lebender Amphibien und Reptilien unterscheiden sich beträchtlich in der Verfügbarkeit von Wasser, sodass dieser Parameter ein limitierender Faktor für die Verbreitung von Arten ist. Während in Wüstengebieten das Fehlen von Wasser einen direkt limitierenden Faktor darstellt, kann übermäßig vorhandenes Wasser in tropischen Lebensräumen indirekt auf die Verbreitung und das Überleben von Amphibien und Reptilien einwirken. Solche indirekten Einflüsse sind beispielsweise ausgedehnte und wiederkehrende Überflutungen, die für bodenbewohnende Reptilien einschneidende Folgen für die Lebensweise und das Überleben haben können (z. B. durch die Vernichtung von Versteckplätzen, Eiablageplätzen, der Nahrungsgrundlage etc.).

Für das einzelne Individuum ist die Verfügbarkeit von Wasser von lebenswichtiger Bedeutung. Der Körper von Amphibien und Reptilien besteht zu ca. 70–80 % aus Wasser, und das Überleben eines Tieres hängt davon ab, ob es den Wassergehalt sowie die Konzentration der in den Körperflüssigkeiten gelösten Salze innerhalb eines Bereiches halten kann, der für jede Art spezifisch ist (POUGH et al. 1998; ZUG et al. 2001). Während Amphibien aufgrund ihres Körperbaus und des Aufbaus der Haut grundsätzlich als feuchtadaptiert gelten können, sind Reptilien weitaus besser daran angepasst, in trockeneren Lebensräumen zu überleben.

Die Zahl der Amphibienarten in Trockengebieten ist daher relativ niedrig. So leben nur neun Arten auf der Arabischen Halbinsel, von denen sechs endemisch sind (BALLETTO et al. 1985), und auch in der riesigen Sahara besteht die Amphibienfauna aus ebenfalls nur neun Arten. Da Amphibien für ihre Entwicklung meist auf Wasser angewiesen sind, verwundert diese geringe Artenzahl jedoch nicht. Alle Amphibienarten, die es geschafft haben, Wüstengebiete zu besiedeln, leben vornehmlich in klimatisch bevorzugten Regionen mit einem Mindestmaß an Feuchtigkeit, oder sie verfügen über physiologische Anpassungen, die es ihnen ermöglichen, den Verlust von Körperwasser zu minimieren. Grundsätzlich

Bufo mauritanicus, **ein sehr trockenresistenter Froschlurch aus Nordafrika** Foto: T. Wilms

Phyllomedusa bicolor gehören zu den tropischen Laubfröschen, die auf ein Regenwald-Terrarium mit entsprechend hoher Luftfeuchtigkeit angewiesen sind. Foto: M. Schmidt

Die Tropen ... mitten in Europa.
Foto: U. Barfelt

Cerastes gasperetti in ihrem Tages"versteck", Umgebung von Taif, Saudi Arabien   Foto: T. Wilms

stellt wohl die Vermeidung extrem heißer und trockener Lebensräume die wichtigste Überlebensstrategie dieser Tiere dar. Geeignete Habitate sind beispielsweise feuchtere gebirgige Regionen, Trockenflussbetten, Oasen, temporäre Wasserstellen, Flüsse oder die im arabischen Raum als Gueltas bezeichneten Wasserstellen (teils ober-, teils unterirdische Wasserstellen in Felsgebieten).

Daneben gibt es zwischen den verschiedenen Amphibienarten auch physiologische Unterschiede, die es einigen Arten ermöglichen, trockenere Lebensräume zu besiedeln. So verfügt beispielsweise die Berberkröte (*Bufo mauritanicus*) im Vergleich zur Pantherkröte (*Bufo regularis*) über eine erhöhte Verdunstungsrate. Diese Tatsache ermöglicht es den Tieren, kurzfristig höhere Umgebungstemperaturen zu überstehen und dadurch trockenere Gegenden besiedeln zu können. Selbstverständlich kann auch diese Art nicht unbegrenzt in einer heißen, trockenen Umgebung überleben, sie hat aber in einem Wüstenlebensraum gegenüber anderen Arten einen Selektionsvorteil. Viele Arten entgehen den extrem hohen Temperaturen des Tages durch eine überwiegend nächtliche Aktivität. Den Tag verbringen diese Tiere in feuchten und kühlen Verstecken. Da die Amphibienhaut für Wasser um ein Vielfaches besser durchlässig ist als die Haut von Reptilien, muss ein Amphibium immer einen Ausgleich zwischen Wasseraufnahme einerseits und dem Verlust von Feuchtigkeit durch Verdunstung andererseits herbeiführen. Für die Aufnahme von Wasser aus dem Bodengrund haben verschiedene Arten unterschiedliche Fähigkeiten entwickelt. Der an trockene Lebensräume angepasste Grabfrosch *Heleioporus eyrei* kann aus Sand mit einem Wassergehalt von 13 % noch Wasser resorbieren, während die Schaufelfußkröte *Scaphiopus multiplicatus* dies sogar noch bei nur 3 % Feuchtigkeit schafft (DUELLMANN & TRUEB 1986).

Eine sehr effektive Verhaltensweise, um extrem trockene Zeiten zu überstehen, ist die Durchführung einer Ruheperiode. *Euphlyctis ehrenbergi*, ein hochgradig an eine aquatische Lebensweise angepasster Frosch (Ranidae) aus Arabien, ist in der Lage, eine bis zu zwei Jahren andauernde Trockenperiode im Erdboden vergraben zu überstehen (BALLETTO et al. 1985). Bei einigen Arten, beispielsweise aus der nordamerikanischen Gattung *Scaphiopus*, gehören ausgedehnte Ruheperioden zum normalen Lebensrhythmus. Diese Tiere verbringen während der trockenen Zeit bis zu neun Monate des Jahres in selbst gegrabenen Höhlen. Das Überleben dieser Tiere wird durch die Fähigkeit ihrer Haut ermöglicht, große Mengen Feuchtigkeit aus der Umgebung aufzunehmen. Andere Arten verringern ihren Wasserverlust während der langen Zeit in Erdhöhlen, indem sie einen Kokon herstellen, der das gesamte Tier wie eine pergamentartige Hülle umgibt. Diese Kokons bestehen aus abgestoßenen Hautschichten. Arten, die diese Strategie nutzen, sind z. B. *Neobatrachus pictus, Limnodynastes spenceri* sowie verschiedene Arten der Gattung *Cyclorana* (DUELL-MANN & TRUEB 1986).

Der weitaus größte Teil der Amphibienarten ist hingegen für sein Überleben auf eine konstant feuchte Umgebung angewiesen, sodass durch diese Eigenschaft auch die sehr hohe Diversität dieser Tiergruppe in den feuchten Tropen erklärt werden kann. Grundsätzlich haben Amphibien nur einen sehr geringen Einfluss auf die Verdunstungsrate ihrer Haut. Einige Verhaltensanpassungen (Verlagerung der Aktivitätszeit, Aufsuchen feuchterer Verstecke, Ruhephasen etc.) sowie die Bildung eines Kokons als physiologischer Verdunstungsschutz wurden bereits im Zusammenhang mit Arten aus Trockengebieten angesprochen. Wie diese müssen jedoch auch Arten aus tropischen Wäldern den Verlust von Wasser kontrollieren und je nach jeweils herrschendem Klima auch minimieren. Sie nutzen dabei vor allem folgende Mechanismen: Zum einen werden bevorzugt feuchte Aufenthaltsorte gewählt, und zum anderen sind viele Arten nachtaktiv. Grundsätzlich scheint auch die Regulation der Aktivität einen großen Einfluss auf die Aufrechterhaltung des Flüssigkeitsgleichgewichtes zu haben (HEATWOLE 1983). Je höher die Aktivität eines Tieres ist, desto größer ist auch der Wasserverlust. Bei tropischen Fröschen wurde jedoch beobachtet, dass Exemplare mit ausgeglichenem Wasserhaushalt ihre Aktivität mit zunehmender Austrocknung erhöhten. Erst bei einem Wasserverlust von 30–40 % fällt ihre Aktivität rapide ab. Dieses Verhalten wird als Suche nach feuchten Stellen gewertet und ist von Arten aus Trockenge-

bieten unbekannt (HEATWOLE 1983). Eine weitere Verhaltensweise im Dienste der Vermeidung eines Wasserverlustes ist die Einnahme einer Haltung, die die Oberfläche des Tieres minimiert. Dabei pressen die Tiere den Bauch und die Kehle an das Bodensubstrat, ziehen die Extremitäten dicht an den Rumpf und schließen die Augen. Eine außergewöhnliche Möglichkeit, dem Wasserverlust über die Haut entgegenzuwirken, haben die Laubfrösche der Gattung *Phyllomedusa* (Makifrösche) entwickelt. Diese Tiere verfügen über Hautdrüsen, die imprägnierende Lipide (Fette) produzieren. Diese Lipide werden von den Fröschen durch besondere Bewegungen der Beine gleichmäßig auf dem Körper verteilt und bilden eine wasserundurchlässige Schicht.

Auch Wüstenreptilien leben kontinuierlich mit dem Problem, zum einen möglichst ausreichend Wasser aufzunehmen und zum anderen den Verlust von Feuchtigkeit zu minimieren, um ihren Wasser- und Salzhaushalt in einem artspezifischen Bereich zu halten. Der Verlust von Wasser findet hauptsächlich durch Verdunstung an der Körperoberfläche, über die Atmung und durch die Abgabe von Urin und feuchtem Kot statt. Obwohl Reptilien im Gegensatz zu Amphibien über eine relativ wasserundurchlässige Haut verfügen, verlieren sie doch einen bedeutenden Teil des Wassers über diesen Weg. Der Wasserverlust über die Haut kann bis über 50 % des gesamten Wasserverlustes des Tieres ausmachen (BRADSHAW 1986). Einen bedeutenden Beitrag leistet auch die Atmung, sie trägt z. B. bei den Sandvipern *Cerastes cerastes* und *C. vipera* zu maximal 57 % des gesamten Flüssigkeitsverlustes bei. *C. cerastes* kann, um diesem Wasserverlust entgegenzuwirken, die Effektivität der Sauerstoffaufnahme aus der Atemluft bei hohen Temperaturen erhöhen und dadurch die Atemfrequenz verringern (SCHLEICH et al. 1996).

Es gibt eine ganze Reihe von Strategien, mit denen Wüstenreptilien dem Wasserverlust durch Verdunstung und Atmung entgegenwirken. Zum einen dient die Verschiebung der Aktivitätszeiten nicht nur der Regulation der Körpertemperatur, sondern verringert auch den Verlust von Wasser. Einige Arten ziehen sich während extrem heißer

Euphlyctis ehrenbergi, **ein arabischer Ranide, der sebst ausgedehnte Trockenperioden überstehen kann**   Foto: T. Wilms

und trockener Zeiten in ihre Wohnhöhlen zurück und halten eine Sommerruhe (Aestivation). Dies geschieht aber nicht nur im Dienste der Verringerung des Wasserverlustes, sondern auch, um Zeiten mit Nahrungsmangel besser zu überstehen.

Die Entwicklung des akustischen Warnverhaltens bei Klapperschlangen (*Crotalus* spp.), Sandvipern (*Cerastes* spp.) und Sandrasselottern (*Echis* spp.) steht vermutlich ebenfalls mit der Verringerung des Wasserverlustes in Zusammenhang (JOGER & COURAGE 1999). Diese Tiere ersetzen das bei Schlangen weit verbreitete Zischen, das mit einem erhöhten Ausstoß von Atemluft einhergeht, durch ein mechanisch erzeugtes Klappern oder Rasseln. Dadurch verringern sie den Verlust von Wasser über die Atemluft. Daneben stehen vielen Wüstenreptilien auch noch spezielle physiologische Mechanismen zur Verfügung, um den Wasserverlust zu minimieren oder um zumindest auch bei fortgeschrittener Austrocknung des Körpers noch überleben zu können. Die Aufzählung

dieser Strategien würde jedoch den Rahmen dieses Buches sprengen.

Im Gegensatz zu den Bewohnern von Trockengebieten haben Echsen aus feuchten Lebensräumen offensichtlich Mechanismen, die der Konservierung von Wasser dienen, verloren oder gar nicht erst entwickelt (HEATWOLE 1983). Dies trifft in erster Linie für Arten aus immerfeuchten tropischen Regenwäldern zu (vor allem jedoch für die kühlen Bergregenwälder). Es handelt sich bei diesen Lebensraumtypen um Habitate, in denen Wasser sehr einfach verfügbar ist und in denen die klimatischen Bedingungen (Temperatur und Feuchtigkeit) nicht dazu beitragen, das Tier auszutrocknen. Je trockener oder je wechselhafter der Lebensraum einer Art hinsichtlich des Klimas ist, desto ausgeprägter ist meist ihre Fähigkeit, den Verlust von Wasser zu minimieren.

Man kann im Allgemeinen drei Quellen der Wasseraufnahme unterscheiden (POUGH et al. 1998; ZUG et al. 2001):

Sphenops sphenopsiformis, die Keilkopfschleiche, lebt in feinsandigem Substrat Foto: T. Wilms

1. Aufnahme von flüssigem Wasser

Das Trinken ist die wichtigste Form der Wasseraufnahme bei Reptilien, während Amphibien die meiste Feuchtigkeit durch die Haut aufnehmen. Wüstentiere haben jedoch das Problem, dass es in ihrem Lebensraum oft keine oder nur temporär verfügbare offene Wasserflächen gibt. Aus diesem Grund mussten Wüstenreptilien Möglichkeiten finden, um die in ihrer Umgebung in Form von Nebel, Luftfeuchtigkeit oder Regen vorhandene Feuchtigkeit effektiv zu nutzen. Einige Arten haben sich die in der Luft gespeicherte Feuchtigkeit als Trinkwasser erschlossen. Die einfachste und am weitesten verbreitete Methode ist es, die kondensierten Nebel- oder Tautropfen von Pflanzen oder von Steinen zu sammeln und zu trinken. Eine Art, die ihren Wasserbedarf zu einem hohen Prozentsatz auf diese Weise deckt, ist die Düneneidechse (*Aporosaura anchietae*) aus der Namib. Andere Arten nutzen ihren eigenen Körper als Kondensationsfläche für Nebel- und Tautropfen. Die Peringuey-Otter (*Bitis peringueyi*) flacht ihren Körper dorsoventral ab, um dem Nebel eine möglichst große Oberfläche zu bieten, an der Tau kondensieren kann. Die entstehenden Wassertropfen werden von der Schlange aufgenommen. Auch einige Echsenarten sind offensichtlich in der Lage, Tau zu sammeln, sie nutzen diese Fähigkeit jedoch auch, um die spärlichen Regenfälle effektiv aufzufangen. Der Dornteufel (*Moloch horridus*) und der Sonnengucker (*Phrynocephalus helioscopus*) verfügen über Hautstrukturen, die am Körper entstehende Tautropfen oder aufgefangene Regentropfen in Richtung der Mundwinkel leiten (SHERBROOKE 1993; POUGH et al. 1998; ZUG et al. 2001). Dadurch verhindern die Tiere das schnelle Einsickern des Wassers in den trockenen Boden, ohne dass es als Trinkwasser genutzt werden könnte. Zumindest *Phrynocephalus helioscopus, Moloch horridus* und Vertreter der Gattung *Phrynosoma* (Krötenechsen) nehmen während des „Wassersammelns" eine typische Haltung mit gesenktem Kopf und hoch erhobenem Hinterkörper ein (SCHWENK & GREENE 1987; BAUR & MONTANUCCI 1998). Bei *Moloch horridus* konnte selbst die Aufnahme von Wasser aus feuchtem Sand und dessen Weiterleitung durch das Kapillarsystem der Haut nachgewiesen werden. Dazu drücken die Tiere ihren Bauch auf feuchtes Substrat und/oder werfen sich feuchten Sand auf den Rücken (SHERBROOKE 1993; WITHERS 1993). Selbst Wüsten bewohnende Schildkrötenarten beispielsweise die Höcker-Landschildkröte, *Psammobates tentorius*) sammeln mit ihrem Körper Regenwasser (POUGH et al. 1998). Eine andere Strategie verfolgt

Innerhalb der stark strukturierten Rückwand bilden
sich immer wieder Ansammlungen von Wasser.
Foto: M. Schmidt/P. Nowak

Bei Tieren, die in solchen Wüstenterrarien gehalten werden, erfolgt die Feuchtigkeitsaufnahme zu einem sehr hohen Prozentsatz über die Nahrung. Foto: M. Schmidt

die Gopherschildkröte (*Gopherus agassizii*), die am Fuß von Hängen Sammelbassins für Regenwasser gräbt und sich damit Zugang zu Trinkwasser selbst erschließt (POUGH et al. 1998).

Während Reptilien- und vor allem Amphibienarten aus Trockengebieten Probleme haben, sich ausreichende Wasserquellen zu erschließen, sind im Wasser lebende Amphibien mit dem gegensätzlichen Problem konfrontiert. Ihre Körperflüssigkeiten haben eine höhere Ionenkonzentration als das umgebende Süßwasser. In Verbindung mit der sehr wasserdurchlässigen Haut der Amphibien führt dies zu einem übermäßigen Wasserzufluss in den Tierkörper. Das überschüssige Wasser wird von diesen Arten durch einen sehr wässrigen Urin wieder abgegeben. Da dabei immer auch lebenswichtige Salze mit ausgeschieden werden, haben viele Amphibien die Fähigkeit entwickelt, aktiv Ionen über die Haut (und – wenn vorhanden – die Kiemen) aufzunehmen.

2. Aufnahme von Feuchtigkeit durch die Nahrung
Für viele Wüstenreptilien ist das in der Nahrung enthaltene Wasser für lange Perioden die einzige verfügbare Feuchtigkeitsquelle. Arten, die sich von Insekten oder von Wirbeltieren ernähren, nehmen mit ihrer Nahrung etwa 60–80 % Wasser auf. Darüber hinaus ist die Ionenkonzentration im Beutetier derjenigen im Körper des Räubers ähnlich (DITTRICH 1983; POUGH et al. 1998). Das Tier hat demnach relativ wenige Probleme mit der Aufrechterhaltung seines eigenen inneren Milieus. Ganz anders sieht das aus, wenn man die Verhältnisse bei pflanzenfressenden Tieren beleuchtet. Wüstenpflanzen haben in der Regel einen hohen Gehalt an verschiedenen Ionen (vor allem Kaliumsalze), den sie vor allem dazu benötigen, ein osmotisches Gefälle gegenüber dem Boden aufzubauen. Erst durch diesen hohen osmotischen Druck sind Wüstenpflanzen in der Lage, genügend Wasser aus dem Boden aufzunehmen (SITTE et al.1991; SCHLEICH et al. 1996). Darüber hinaus unterliegt der Wassergehalt von Wüstenpflanzen beträchtlichen jahreszeitlichen Schwankungen. Der Wassergehalt der Nahrungspflanzen des Chuckwallas (*Sauromalus obesus*) variiert beispielsweise zwischen 72 % im Frühjahr und 51 % im Sommer (POUGH et al. 1998).

Ein Vergleich der Zusammensetzung der Nahrung zweier Wüstenechsen – des pflanzenfressenden Wüstenleguans (*Dipsosaurus dorsalis*) und der insektenfressenden Agame *Ctenophorus ornatus* – zeigt, dass der Pflanzenfresser während des gesamten Jahres Nahrung mit einem geringeren Gehalt an Feuchtigkeit zu sich nimmt (ca. 40–56 % gegenüber 74–77 %) und zudem die Nahrung deutlich mehr Salze enthält (BRADSHAW 1986). Das Problem dabei ist, dass überschüssige Salze normalerweise nur durch die Aufwendung großer Mengen von Wasser wieder aus dem Körper ausgeschieden werden können. Viele Wüstenechsen haben das Problem dadurch gelöst, dass sie über hormonell gesteuerte Salzdrüsen verfügen, mit deren Hilfe sie überschüssige Salze ohne bedeutenden Wasserverlust wieder aus dem Körper entfernen können. Bei Chuckwallas und Dornschwanzagamen, aber auch bei den aus feuchteren Lebensräumen stammenden Grünen Leguanen (*Iguana iguana*), kann man ein charakteristisches „Niesen" beobachten, bei dem eine hoch konzentrierte Salzlacke aus den in den Nasenlöchern liegenden Drüsen abgesondert und weggeschleudert wird. Ähnliche Salzdrüsen haben auch meeresbewohnende Reptilien entwickelt (bspw. Meerechsen, *Amblyrhynches cristatus*), um die mit der Nahrung (hier: Meeresalgen) übermäßig aufgenommenen Salze wieder aus dem Körper zu entfernen.

3. Nutzung von in der Nahrung chemisch gebundenem Wasser
Wasser kann durch die Oxidation (Verbrennung) von Nahrungsbestandteilen im Stoffwechsel entstehen. Die drei Hauptbestandteile der Nahrung (Fett, Kohlenhydrate und Proteine) liefern dabei unterschiedliche Mengen an Wasser. So entsteht beispielsweise bei der Umsetzung eines Gramms Fett im Stoffwechsel 1,071 g Wasser (POUGH et al. 1998).

Die Nordafrikanische Dornschwanzagame (*Uromastyx acanthinura*) kann auf diese Weise bei einer Umgebungstemperatur von 35 °C pro 100 g Körpermasse bis zu 0,35 ml Wasser pro Tag erzeugen (VERNET et al. 1988).

1.4 Lebensweise und Nutzung der räumlichen Ressourcen

Tierarten sind nicht zufällig im Raum verbreitet, vielmehr spiegelt ihre Verbreitung, neben den entwicklungsgeschichtlichen Aspekten wie heutige und/oder ehemalige Barrieren (Gebirge, Flüsse, Ozeane, Trockengebiete etc.), auch ökologische Aspekte wider. Für unsere Betrachtungen, die uns zu einem besseren Verständnis der Interaktionen von Reptilien und Amphibien mit ihrer natürlichen Umwelt führen sollen, spielen vor allem ökologische Aspekte eine besondere Rolle. Grundsätzlich kann man davon ausgehen, dass in jedem Lebensraum unterschiedliche Ressourcen in Form von Nahrung, Wasser, Mikrohabitaten (mit entsprechendem Mikroklima), Eiablagestellen, geeigneten Stellen für die Thermoregulation und Versteckplätze vorhanden sind. Jede Art nutzt nun die vorhandenen natürlichen Ressourcen auf eine andere Art und Weise, und die Einzelindividuen versuchen dadurch, ihre artgemäßen ökologischen Bedürfnisse zu befriedigen. Man spricht in diesem Zusammenhang davon, dass jede Art eine so genannte ökologische Nische besetzt. In vielen Fällen verfügen Arten über spezifische morphologische/anatomische und/oder physiologische Anpassungen, die es ihnen ermöglichen, in ihrem Lebensraum die vorhandenen Ressourcen optimal zu nutzen. Dazu gehören die bereits vorgestellten Anpassungen an hohe oder niedrige Temperaturen, an geringe oder hohe Feuchtigkeit, aber auch Anpassungen an den Bodengrund und die räumliche Strukturierung des natürlichen Lebensraumes.

Von den bereits weiter oben aufgeführten Ressourcen spielt vor allem das Angebot an geeigneten Versteckplätzen, Eiablagestellen sowie von Stellen für die Thermoregulation, kurz, das Angebot an geeigneten Mikrohabitaten auch bei der Einrichtung eines Terrariums zur Haltung von Amphibien und Reptilien eine bedeutende Rolle, um alle physiologischen und psychologischen Ansprüche der Pfleglinge zu befriedigen. Aus diesem Grund ist es unabdingbar, dass man sich zum einen gründlich über das Habitat seiner Wunschart (räumliche Ressourcen) und zum anderen über

ihre natürliche Lebensweise informiert und auf der Basis dieser Kenntnisse ein geeignetes Terrarium plant und es entsprechend einrichtet.

Die Lebensweise und die Art des bewohnten Lebensraumes kann den Körperbau einer Tierart beträchtlich beeinflussen. Die Palette dieser Anpassungen reicht von allgemeinen, nicht hochgradig spezialisierten Modifikationen des Körperbaus bis hin zu Umgestaltungen, die so tiefgreifend sind, dass die betreffende Art nur noch in einem einzigen, spezifischen Biotoptyp überleben kann.

Allgemeine Anpassungen und Verhaltensweisen

In dieser Kategorie können beispielsweise die grundsätzlichen Beobachtungen zusammengefasst werden, dass bodenlebende Echsen eher über einen dorsoventral abgeflachten (platten) Körperbau verfügen, während viele baumbewohnenden Echsen einen lateral (seitlich) abgeflachten Körper aufweisen. Die Bewohner der obersten Erd- und Laubstreuschicht verfügen hingegen oft über eine zylindrische (tonnenförmige) Körperform.

Ähnliche Anpassungen lassen sich auch bei Schlangen nachweisen. Baumbewohnende Schlangen verfügen meist über vergrößerte Bauchschuppen, die manchmal auch gekielt sind, über einen langen, abgeplatteten Körper, über relativ große Augen und einen in den hinteren Körperbereich verschobenen Körperschwerpunkt und/oder einen Greifschwanz, während fossoriale (grabende) Arten meist relativ kurz sind, über kleine Augen, eine geringe Kopfbreite und eine schmale Schnauze verfügen (POUGH et al. 1998).

Diese grundsätzlichen Unterschiede im Körperbau stehen in Verbindung mit den verschiedenen Anforderungen dieser Lebensräume an das Tier. In diesen speziellen Fällen spielt vor allem die Einhaltung einer stabilen Körperhaltung eine Rolle. Bei baumlebenden Echsen ist es beispielsweise vorteihaft, den Körperschwerpunkt möglichst in die

Körpermitte zu verlegen, damit er sich bei einer auf einem Ast sitzenden Echse direkt über dem Ast befindet. Bei einer bodenlebenden Echsenart hingegen ist die stabilste Körperhaltung durch einen platten Körperbau gegeben. Die zylindrische Körperform der Arten der obersten Erd- und Laubstreuschicht, der so genannten fossorialen Arten, ermöglicht den Tieren hingegen ein einfaches und schnelles Vorwärtskommen im Bodengrund oder in der Streuschicht. Bei diesen Tieren sind darüber hinaus oft eine Reduktion der Extremitäten und eine Streckung des Körpers zu beobachten (Wühlen, Amphisbaenen, Flossenfüße, versch. Skinke und Schleichen, Schlangen). Dass das Fehlen von Beinen für diese Tiere vorteilhaft ist, kann man von der Beobachtung ableiten, dass beispielsweise eine ganze Reihe von Skinkarten dieses Lebensraums, die noch über Beine verfügen, diese eng an den Körper anlegen und sich schlängelnd fortbewegen, wenn es schnell gehen muss (Walzenskinke, *Chalcides* spp. und Schneckenskinke, *Cyclodomorphus gerrardii*).

Aber auch bei anderen Echsen lässt die Länge der Extremitäten Rückschlüsse auf ihre Lebensweise zu. Grundsätzlich verfügen bodenlebende Arten eher über kurze Beine, während Baumbewohner längere Extremitäten haben. Natürlich gibt es Ausnahmen von dieser Regel: Einige bodenbewohnende Echsenarten verfügen ebenfalls über relativ lange Hinterbeine, die dann aber

für eine besonders schnelle Art der Fortbewegung, nämlich das Rennen auf den Hinterbeinen, genutzt werden (bipedes Laufen). Arten, die diese Fortbewegungsart nutzen, sind beispielsweise die Kragenechse (*Chlamydosaurus kingii*), einige Australische Wüstenagamen (*Ctenophorus cristatus, C. rufescens*), Halsbandleguane (*Crotaphytus* spp.) und auch der Wüstenleguan (*Dipsosaurus dorsalis*) (PARKER & BELLAIRS 1972). Aber nicht nur Bodenbewohner sind zu diesem Sprint in der Lage: Auch Basilisken (*Basiliscus* spp.), Wasseragamen (*Physignathus* spp.), Streifen-Wasseragamen (*Lophognathus* spp.) und Segelechsen (*Hydrosaurus* spp.) können sehr gut und schnell auf den Hinterbeinen laufen, und zumindest Basilisken und junge Segelechsen vermögen diese Art der Fortbewegung zu nutzen, um auf der Wasseroberfläche zu laufen (PARKER & BELLAIRS 1972; WERNING 2002).

Viele Amphibien- und Reptilienarten besetzen so genannte Exponierplätze, um gegenüber ihrem Reviernachbarn Besitzansprüche geltend zu machen, die Reviergrenzen zu markieren oder um paarungswillige Weibchen derselben Art anzulocken oder diese auf sich aufmerksam zu machen. Diese Plätze haben prinzipiell eine Gemeinsam-

Uroplatus fimbriatus –
Blattschwanzgeckos sind
mit ihren Haftlamellen
gute Rindenkletterer.
Foto: T. Wilms

Blattachseln von Bromelien werden von vielen Froschlurchen als Ruheplätze angenommen (hier *Smilisca phaeota*).
Foto: T. Wilms

keit: Sie befinden sich an exponierten Stellen des Territoriums, d. h., sie befinden sich an den Orten, an denen die Wahrscheinlichkeit, dass die benutze Signalart (optisch, akustisch, geruchlich) den Empfänger auch wirklich erreicht, am größten ist. Die Beispiele für diese Verhaltensweisen sind mannigfaltig, und es sollen im Folgenden, unterteilt nach den verwendeten Signalen, einige exemplarisch vorgestellt werden.

Optische Signale

Die Verwendung optischer Signale ist vor allem bei Leguanen, Agamen, aber auch bei Chamäleons weit verbreitet. Vor allem Agamen und Leguane nutzen Kehlfahnen und -säcke, um an exponierten Stellen ihres Territoriums zu imponieren, indem diese Körperanhänge mit Hilfe des Zungenbeinapparates in artspezifischer Frequenz präsentiert werden. Besonders auffällig ist dieses Verhalten, wenn die Kehlfahnen bunte Zeichnungsmuster tragen. Fast immer sind solche Verhaltensweisen mit weiteren Elementen aus dem Verhaltens-

repertoire der Tiere verbunden, wie Kopfnicken oder Rumpfschaukeln. Die Schmetterlingsagamen der Gattung *Leiolepis* verfügen über eine besondere Art, bestimmte farbige Zeichnungelemente auf ihrer Oberseite zu präsentieren: Männliche Schmetterlingsagamen imponieren, indem sie mit dem Kopf nicken, anschließend die Rippen spreizen und dadurch die gefärbten Hautsäume an den Flanken aufspannen. Danach kippen sie den Körper, zum Weibchen gerichtet, hochkant auf die Seite, sodass sie zeitweise nur auf den beiden Beinen der einen Körperseite stehen. Das Weibchen kann nun die so genannten epigamischen Farbattribute des Männchens sehen (BÖHME 2003).

Eine weitere sehr interessante Strategie der innerartlichen Kommunikation verfolgen die Geckos der Gattung *Pristurus* sowie die Krötenkopfagamen (*Phrynocephalus* spp.) und Rollschwanzleguane (*Leiocephalus carinatus*). Bei diesen Tieren dienen die Schwänze als Signalfahnen: Sie werden hochgestellt und entweder über den Rücken eingerollt oder seitlich hin und her bewegt.

Als Exponierplätze dienen den Tieren beispielsweise Felsblöcke, Baumstämme, Äste, Pflanzen usw. Es ist daher absolut notwendig, im Terrarium ebenfalls solche Plätze anzubieten. Je nach Art eignen sich beispielsweise größere Steine, Baumstämme, lebende Pflanzen und freie Sand- oder Geröllflächen.

Akustische Signale

Akustische Signale werden überwiegend von Fröschen und Kröten, aber auch von verschiedenen Geckos eingesetzt. Daneben sind aber auch manche Echsen (aus den Familien Lacertidae, Teidae, Scincidae, Cordylidae, Chamaeleonidae, Anguidae, Agamidae, Iguanidae), Schildkröten (Testudinidae), Krokodile sowie einige Schlangen (Klapperschlangen (*Crotalus* spp.), Zwergklapperschlangen (*Sistrurus* spp.), Eierschlangen (*Dasypeltis* spp.), Sandrasselottern (*Echis* spp.)) in der Lage, Lautäußerungen zu erzeugen. Die Laute der letztgenannten Gruppen werden jedoch meist nicht in Verbindung mit speziellen Exponierplätzen und die der genannten Schlangen nicht mit Hilfe der Stimme, sondern durch die bekannte Klapper oder das Aneinanderreiben gekielter Schuppen hervorgebracht.

Froschlurche dagegen nutzen sehr unterschiedliche Strukturen in ihrer Umgebung als Rufplätze. Bei der Haltung dieser Tiere im Terrarium muss man sich daher genau über die natürlichen Exponierplätze dieser Tiere informieren. In Frage kommen beispielsweise Bäume, krautige Pflanzen, Bromelien, Erd- oder Baumhöhlen sowie Wasserstellen.

Unter den Reptilien gibt es nur sehr wenige Gruppen, die von spezifischen Exponierplätzen heraus rufen. Eines der bekanntesten Beispiele unter den Geckos sind die Bellgeckos des südlichen Afrikas (*Ptenopus* spp.). Die Männchen dieser kleinen Nachtgeckos rufen während des Sommers, um Geschlechtspartner anzulocken und ihr Revier abzugrenzen (BRANCH 1998). Während der Rufphase sitzen die Tiere in den trichterförmigen Eingängen ihrer Erdhöhlen, was beträchtlich zur Verstärkung der Rufe beiträgt.

Geruchliche Signale

Geruchssignale sind bei Reptilien und Amphibien weiter verbreitet, als man vielleicht vermuten würde. Es gibt bei diesen Tiergruppen eine Reihe unterschiedlicher Drüsen, die Geruchsstoffe erzeugen. Die Geruchswahrnehmung findet entweder mittels der Nase und/oder mittels des Jacobson'schen Organs statt. Im Zusammenhang mit Exponierplätzen sind vor allem entsprechende Drüsen von Bedeutung, die wachsartige Substanzen mit Pheromonen produzieren (Femoral-, Anal- und kallöse Drüsen). Mit diesen Stoffen sind die Tiere in der Lage, Bereiche ihres Territoriums, Exponierplätze oder den Geschlechtspartner zu markieren (z. B. Dornschwanzagamen (*Uromastyx* spp.), vgl. WILMS 2001).

Spezielle Anpassungen und Verhaltensweisen

1 Wasserlebend (aquatisch und semiaquatisch)

Viele Amphibien- und Reptilienarten mit enger Bindung an Gewässer verfügen über mehr oder weniger ausgeprägte Schwimmhäute (Meerechse, *Amblyrhynchus cristatus*; Schildkröten, Krokodile, Frosch- und Schwanzlurche). Die meisten an ein Leben im Wasser angepassten Schuppenkriechtiere (Squamata) sowie die Krokodile zeigen eine lateral abgeplattete Schwanzform (bspw. Mertens' Wasserwaran, *Varanus mertensi*; Nilwaran, *V. niloticus*; Krokodilschwanz-Höckerechse, *Shinisaurus crocodylurus*; Seeschlangen), sodass der Schwanz zu einem sehr effektiven Antriebsorgan umgebildet ist.

Die eng an das Wasser gebundenen Basilisken (*Basiliscus* spp.) verfügen über einen häutigen Zehensaum. Dieser Saum spannt sich auf, sobald die Tiere auf die Wasseroberfläche treten, und vergrößert dadurch die Auftrittsfläche erheblich. Durch diesen Mechanismus sind die Tiere in der Lage, über die Wasseroberfläche zu sprinten. Dazu müssen sie jedoch, wie bereits beschrieben, auf den Hinterbeinen laufen. Bei der Haltung von Arten mit Anpassungen an eine aquatische oder semiaquatische Lebensweise müssen auf jeden Fall der Größe der Tiere und ihrer Lebensweise entsprechende Wasserbecken angeboten werden.

2 Unterirdisch lebend (fossorial)

Fossorial lebende Amphibien und Reptilien haben verschiedenartige Anpassungen entwickelt, die es

Scincus mitranus, ein Apothekerskink aus Arabien, kann sich schwimmend im Feinsand fortbewegen. Foto: F. Hulbert

ihnen ermöglichen, sich in den verschiedenen Substrattypen zu bewegen. Es gibt unter ihnen zwar Arten mit gut entwickelten Extremitäten, die meisten zeichnen sich jedoch durch eine mehr oder weniger starke Reduktion der Extremitäten aus, verbunden mit der Ausprägung einer lang gestreckten, schlanken Körperform (POUGH et al. 1998).

Etwa 95 % der unterirdirsch lebenden Arten von Froschlurchen verwenden ihre Hinterbeine zum Graben, wobei viele (beispielsweise *Tomopterna* spp., *Hemisus* spp.) über einen vergrößerten, harten Metatarsaltuberkel an der Unterseite der Füße der Hinterbeine verfügen (POUGH et al. 1998). Bei der Mehrzahl der grabenden Froscharten kann eine Reduktion der Länge der Extremitäten beobachtet werden.

Sehr auffällig sind spezielle Anpassungen an das Schwimmen in feinem Sand. Apothekerskinke (*Scincus* spp.) und Keilkopfschleichen (*Spenops* spp.) beispielsweise besitzen eine sehr glatte Körperbeschuppung, ein überständiges Maul und durch Schuppen fast vollständig verschlossene

Ohröffnungen. Während *Scincus* noch über gut entwickelte Extremitäten verfügt, sind diejenigen der Keilkopfschleichen schon deutlich zurückgebildet. Eine weitgehende Rückbildung der Gliedmaßen ist auch für viele Bewohner der Laubstreuschicht (bspw. Skinke und Schleichen) charakteristisch, wie oben schon erwähnt.

Bei der Haltung fossorialer Arten ist die Wahl des Bodengrundes von außerordentlicher Bedeutung. Falsche Substrate können zu ernsthaften Erkrankungen des Bewegungsapparates, der Augen und der Haut führen. Wichtige Parameter für die Auswahl sind zum einen die Art des Substrates (Laub, Erde, Sand, Mulch etc.) und zum anderen deren Konsistenz und Beschaffenheit (Feinsand/grober Sand, rundkörniger Sand/gebrochener Sand, sandige Erde/humose Erde, feiner Mulch/grober Mulch etc.).

3 Bodenbewohnend (terrestrisch)
Bei bodenbewohnenden Amphibien und Reptilien gibt es Generalisten, also Arten, die eine Viel-

zahl unterschiedlicher Bodentypen als Substrate nutzen und von denen viele auch in der Lage sind, etwas zu klettern (auf Felsen, Pflanzen, Büschen, niedrigen Bäumen etc.). Daneben haben jedoch einige auch Anpassungen erworben, die es ihnen ermöglichen, in Lebensräumen mit spezifischeren Anforderungen zu überleben (beispielsweise feinsandige Biotope (Dünen), solche mit harten Böden (Geröllwüsten, harte Lehmböden), Moore, Überschwemmungsgebiete etc.).

Unter den Schlangen entwickelten beispielsweise die Hornvipern (*Cerastes* spp.), die Sandrasselottern (*Echis* spp.), einige Klapperschlangen (*Crotalus* spp.) und einige Puffottern (*Bitis* spp.) mit dem Seitenwinden eine sehr effektive Methode, sich schnell auf einem feinsandigen Boden fortzubewegen. Viele dieser Arten können sich übrigens durch seitliche Bewegungen blitzschnell in den Sand „einrütteln" und sind dann kaum noch zu erkennen. Einige Arten, die diese Verhaltenweise anwenden, verfügen darüber hinaus über Augen, die auf der Oberseite des Kopfes liegen (beispielsweise *Cerastes vipera* und *Bitis peringueyi*). Die Schlange kann sich also komplett eingraben, und nur die Augen ragen noch aus dem Sand hervor.

Eine wichtige Anpassung an einen feinsandigen Lebensraum ist beispielsweise auch die Verbreiterung der Auflagefläche der Füße durch Hautsäume (versch. *Stenodactylus* spp., *Scincus* spp.) bzw. Fransenschuppen an den Zehen und Fingern (*Acanthodactylus* spp., *Uma* spp., *Phrynocephalus* spp., *Ptenopus* spp.) oder durch Häute zwischen den Zehen (*Palmatogecko* spp.). Durch diese Modifikationen des Körperbaus sind diese Tiere in der Lage, auf Flugsandfeldern und Dünen zu laufen, ohne einzusinken. Eine

weitere Anpassung, die bei einigen sandbewohnenden Geckos zu beobachten ist, ist die erhöhte Lage der Nasenlöcher auf der Schnauzenspitze, die dazu beiträgt, das Eindringen von Sand in die Atmungsorgane zu minimieren. Aber auch die Lage der Nasenöffnungen bei verschiedenen Waranarten verrät einiges über deren Lebensweise. Spezies wie der Steppenwaran (*Varanus exanthematicus*) oder der Kapwaran (*V. albigularis*) suchen ihre Nahrung meist am Boden in der Laubschicht und verfügen daher über schlitzförmige, nahe dem Auge stehende Nasenlöcher. Sie sind daher in der Lage, mit ihrer Schnauze die Streuchicht nach Fressbarem zu durchsuchen, ohne dass ihnen Substrat in die Nase gelangt (BENNETT 1996). Andere bodenbewohnende Echsen verfügen über mit Stachelschuppen besetzte Schwänze (*Uromastyx* spp., *Cordylus* spp., *Ctenosaura* spp., *Xenagama* spp., einige Warane), die sie teilweise auch als Schlagwaffen einsetzen, mit denen sie aber auch hervorragend Erdhöhlen und -spalten von innen verschließen können, um sich gegen Beutegreifer zu schützen. Grundsätzlich

Bei diesem Ruderfrosch (*Polypedates otilophos*) kann man deutlich die Haftscheiben an den Zehen erkennen.
Foto: T. Wilms

haben bodenbewohnende Echsen relativ kürzere Extremitäten, Zehen und Krallen als Baumbewohner.

Bei der Haltung von bodenbewohnenden Amphibien- und Reptilienarten ist die Wahl eines geeigneten Substrates von allergrößter Bedeutung, da ansonsten schwerwiegende Gesundheitsbeeinträchtigungen der Tiere zu erwarten sind (vgl. auch Kapitel 4.3).

4 Baumbewohnend (arboricol)

Baumbewohnende Arten mussten Methoden entwickeln, sich sicher im Geäst zu bewegen, sich festzuhalten und ihren Körperschwerpunkt möglichst über den Ast zu bringen, auf dem sie sich gerade befinden. Man sieht daher bei baumbewohnenden Amphibien und Reptilien eine Reihe spezieller Körperformen und -anpassungen. Viele Arten verfügen über einen lateral abgeflachten Körperbau, über relativ lange Gliedmaßen sowie über lange und kräftige Zehen und Krallen. Viele baumlebende Schlangen entwickelten Greifschwänze, mit denen sie sich fest im Geäst verankern können. Und einige Baumechsen und -schlangen weisen stark gekielte Schuppen auf, die ihnen einen besseren Halt ermöglichen.

Amphibien haben oft Haftapparate, die mit Hilfe des Adhäsionsprinzips arbeiten. Diese Haftung ist passiver Natur, sodass selbst tote Frösche noch an ihrem Untergrund haften können. Die Salamander der Gattung *Bolitoglossa* entwickelten jedoch einen anderen Mechanismus. Diese Arten verfügen über Füße mit stark ausgeprägten „Schwimmhäuten" zwischen den Zehen. Durch Kapillarkräfte können kleinere Arten auf feuchten Oberflächen eine sichere Verbindung zwischen den so verbreiterten Fußflächen und dem Untergrund erzeugen. Größere Arten dieser Gattung (bspw. *Bolitoglossa dofleini*) sind jedoch zu schwer, um mit dieser Methode festen Halt zu finden. Sie erzeugen daher einen Unterdruck zwischen Fuß und Substratoberfläche, indem sie das Zentrum des Fußes anheben, die Zehenspitzen jedoch auf dem Substrat anliegen lassen (Saugnapfprinzip).

Vertreter zweier Reptiliengruppen (Geckos, Leguane) haben ebenfalls Haftapparate entwickelt, die jedoch anders funktionieren. Diese Tiere verfügen über verbreiterte Zehen mit Haftlamellen (bei einigen Arten auch auf der Schwanzunterseite), auf deren Unterseite mikroskopisch kleine „Hafthaare" (Setae) stehen, die ebenfalls nach dem Adhäsionsprinzip arbeiten.

Einige Reptilien und Amphibien besitzen hoch entwickelte Greiffüße, mit denen sie dünnere Äste gut umfassen können (Chamäleons und Greiffrösche der Gattung *Phyllomedusa*), während andere Arten sich mittels Greifschwänzen im Geäst verankern (*Coruzia*, einige Waranarten, *Corallus*, *Bolitoglossa*, *Chamaeleo*).

Über die wohl mit Abstand ungewöhnlichsten Anpassungen verfügen solche Arten, die zu einem Gleitflug befähigt sind. Sie vergrößern ihre Körperoberfläche, indem sie Flughäute zwischen den Zehen, Hautsäume an den Flanken oder Flughäute die von den Rippen aufgespannt werden,

Chamäleons, hier
Chamaeleo chamaeleon
(Azir-Gebirge, Saudi Arabien),
sind hochgradig angepasste
Baum- und Buschkletterer.
Foto: T. Wilms

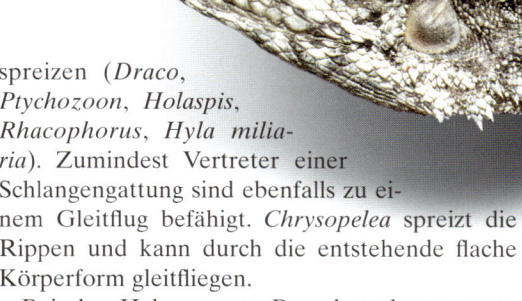

spreizen (*Draco, Ptychozoon, Holaspis, Rhacophorus, Hyla miliaria*). Zumindest Vertreter einer Schlangengattung sind ebenfalls zu einem Gleitflug befähigt. *Chrysopelea* spreizt die Rippen und kann durch die entstehende flache Körperform gleitfliegen.

Bei der Haltung von Baumbewohnern muss man sich zunächst über die spezielle Lebensweise der jeweiligen Art klar werden, denn von dieser Kenntnis ist abhängig, ob man starke oder besser vielleicht doch dünne Äste für die Einrichtung des Terrariums verwenden sollte. Auch ist es wichtig, die spezifischen Gewohnheiten einer Art zu kennen, beispielsweise, ob der Pflegling auf einem Ast (dick/dünn, senkrecht/waagerecht) oder in einem Versteckplatz (Schlupfkasten/Baumhöhle, eng/geräumig) schlafen möchte. All diese Informationen sind notwendig, um das Terrarium artgerecht einrichten zu können.

5 Felsbewohnend (petricol)

Felsbewohnende Echsenarten zeichnen sich meist durch eine abgeplattete Körperform, starke Gliedmaßen und kräftige Krallen oder einen entsprechenden Haftapparat (Subdigitallamellen) aus. Als Versteckplätze werden von felsbewohnenden Arten Felsspalten oder -risse sowie Höhlen unter flach liegenden Steinen und Felsplatten genutzt. Die Körperform der Tiere gibt oft Aufschluss darüber, welche Art Versteckplätze bevorzugt werden. Sehr flache Arten (z. B. *Platysaurus* spp.) werden in der Regel schmale Risse und Spalten im Gestein bevorzugen, während manche größere, kräftigere Arten (z. B. *Sauromalus* spp., *Uromastyx* spp., *Cordylus* spp.) eher größere Gesteinsspalten nutzen. Bei Gefahr blasen sich diese Tiere auf und verkeilen sich in

der Spalte, sodass sie nicht oder nur sehr schwer aus einem solchen Versteckplatz herausgezogen werden können. Durch eine sehr stachelige Körperoberfläche, wie beispielsweise bei den Gürtelschweifen (*Cordylus* spp.), kann dieser Effekt noch verstärkt werden. Arten, die über einen mit Stachelschuppen bewehrten Schwanz verfügen, verschließen mit ihm meist die von ihnen besetzte Gesteinsspalte (*Uromastyx* spp., *Cordylus* spp., einige *Ctenosaura* und *Varanus*). Selbst eine Schildkrötenart hat sich an felsige Lebensräume mit einer Vielzahl von Spalten und Gesteinsrissen angepasst. Die Spaltenschildkröte (*Malacochersus tornieri*) verfügt über eine sehr flache Panzerform, und der Panzer ist relativ weich und flexibel. Die Tiere ziehen sich in spaltenförmige Versteckplätze zurück und können sich ebenfalls durch Aufblasen darin verkeilen. Bei der Haltung von felsbewohnenden Arten muss zunächst darauf geachtet werden, dass die Oberfläche der verwendeten Steine oder Kunstfelsen entsprechend den natürlichen Ansprüchen der Art ausgewählt wird. Die Felsen dürfen für die jeweilige Art nicht zu rau oder auch zu glatt sein. Darüber hinaus muss man dafür sorgen, dass den Tieren artgemäße Versteckplätze (Spalten, Höhlen, Ritzen etc.) angeboten werden.

Agama boulengeri kann man sowohl beim Klettern an Felsen als auch an Bäumen beobachten.
Foto: T. Wilms

Üppig bepflanztes tropisches Feuchtterrarium Foto: U. Bartelt

2. Anforderungen an die Terrarieneinrichtung

Eine zweck- und artgemäße Terrarieneinrichtung gehört sicherlich zu den wichtigsten Voraussetzungen für die artgerechte Tierpflege. Die Einrichtungsgegenstände sollten so ausgewählt werden, dass sie den Tieren die Möglichkeit geben, sich zu verstecken, zu sonnen, ihr arttypisches Verhalten zu zeigen und nach Nahrung zu suchen. Außerdem müssen durch den geschickten Einsatz unterschiedlicher Materialien und technischer Hilfsmittel im Terrarium verschiedene Zonen mit unterschiedlichem Mikroklima geschaffen werden, die es den Tieren ermöglichen, zu unterschiedlichen Zeiten verschiedene Temperatur- und Feuchtigkeitsbereiche aufzusuchen.

Je nach der bevorzugten Lebensweise der gepflegten Tiere [wasserlebend, unterirdisch lebend bodenbewohnend, buschkletternd, baumbewohnend, felsbewohnend], sollten die Gestaltung der Wände des Terrariums, die Art des Bodengrunds und die Materialien der Strukturelemente ausgewählt werden.

Verschiedene Bodensubstrate (Sand, Erde, Torf, Steine, Kies, Moos usw.), Felswände, Steine, künstliche Höhlen, Baumstämme, Büsche, Grassoden, Äste, mit unterschiedlichen Materialien gestaltete Wände (Kork, Holz, Torf, Erde, Lehm etc.) und Pflanzen eignen sich dazu, den Lebensraum eines Tieres in einem ausreichend großen Terrarium nachzubilden. Das heißt jedoch nicht, dass wir in einem Terrarium einen detaillierten, naturgetreuen Ausschnitt eines Regenwaldes, einer Steppenlandschaft oder einer Wüste nachbauen könnten

Waldterrarium mit Bromelienbewuchs Foto: T. Wilms

Terrarium für _Uroplatus lineatus_ (Vivarium im Staatlichen Museum für Naturkunde Karlsruhe) Foto: T. Wilms

und sollten! Vielmehr geht es darum, für die Tiere eine Umgebung zu schaffen, in der die wesentlichen abiotischen (nicht belebten) Faktoren ihres Lebensraumes imitiert werden. Hier spielen vor allem das Klima (Luftfeuchtigkeit, Temperatur, Lüftung, tägliche und saisonale Temperatur- und Feuchtigkeitsschwankungen etc.) und die räumlichen Gegebenheiten (Grundfläche, Strukturierung, Versteckplätze etc.) eine bedeutende Rolle. Darüber ist natürlich die Zusammensetzung des Tierbesatzes (Anzahl der Individuen, Artenzusammensetzung) ebenfalls von größter Wichtigkeit. Durch eine gut geplante Terrarieneinrichtung kann die den Tieren zur Verfügung stehende Fläche bedeutend vergrößert werden. Hier gilt der Grundsatz, dass der Wert eines Terrariums für seine Bewohner weniger durch die absolute Größe als durch die Art und Anordnung der vorhandenen Einrichtung bestimmt wird.

Neben diesen für das Wohlbefinden des Tieres unbedingt notwendigen Faktoren spielen bei der Einrichtung eines Terrariums sicherlich auch ästhetische Gesichtspunkte des Pflegers eine Rolle. So geht von einem üppig bepflanzten Tropenterrarium oder von einem mit bizarren Felsformationen ausgestatteten Wüstenterrarium eine besondere Faszination aus, die von einem „steril" und spartanisch eingerichteten Terrarium nicht erreicht werden kann. Trotzdem können und müssen in beiden Haltungssystemen die Anforderungen des Tieres an seine Umwelt im Mittelpunkt stehen. Das Tier muss in der Lage sein, seine wichtigsten Bedürfnisse befriedigen zu können. Hierbei ist es zunächst einmal völlig gleich, ob das fertig eingerichtete Terrarium einen „naturähnlichen Eindruck" vermittelt oder nicht. Für das Tier ist es – vorausgesetzt, die klimatischen und physiologischen Voraussetzungen sind erfüllt – nicht wichtig,

Felsterrarium für *Darevskia armeniaca* (Zoo Frankfurt)   Foto: T. Wilms

ob ihm als Unterschlupf ein Tontopf oder eine Steinhöhle zu Verfügung steht oder ob es auf einem natürlichen oder einem künstlichen Felsen auf Nahrungssuche geht. Bei der Einrichtung von Terrarien hat der alte Grundsatz seine Gültigkeit, der besagt, dass die Einrichtungsgegenstände „gleichwertig, aber nicht unbedingt gleichartig" sein müssen (vgl. NIETZKE 1989).

2.1 Klimatische Faktoren

Temperatur

Der Parameter Temperatur spielt bei der Terrarienhaltung von Reptilien und Amphibien aufgrund seiner ökologischen Bedeutung für diese Tiergruppen eine zentrale Rolle (vgl. Kap. 1). Sie müssen daher den Tieren auch im Terrarium die Möglichkeit bieten, sich jederzeit die gerade zuträglichen Temperaturen auszusuchen und ihre Körpertemperatur gemäß den artspezifischen Anforderungen zu regulieren. Aus diesem Grund ist es bei der Klimatisierung eines Terrariums notwendig, unterschiedliche Temperaturbereiche, also einen Temperaturgradienten, zu schaffen.

In diesem Zusammenhang ist es sinnvoll, zwischen der Lufttemperatur und den Oberflächentemperaturen sowie der Substrattemperatur bzw. der Wassertemperatur zu unterscheiden. Im begrenzten Raum vieler kleinerer Terrarien ist es, obwohl wünschenswert, meist nicht möglich, eine deutliche Zonierung der Lufttemperatur herbeizuführen. Die Lufttemperatur wird im gesamten

Nordamerikaanlage für Chuckwallas, Blaue Felsenleguane, Riesenkrötenechsen und Wüstenleguane (Zoo Frankfurt)
Foto: T. Wilms

Terrarium ziemlich gleichförmig sein und nur einem tageszeitlichen und, wenn es die Pfleglinge benötigen, auch einem jahreszeitlichen Gang folgen. Grundsätzlich ist es in einem größeren Terrarium einfacher, unterschiedliche Lufttemperaturen zu realisieren. Dies zeigt, dass den Oberflächentemperaturen und bei wühlenden bzw. schwimmenden Arten auch den Substrat- und Wassertemperaturen im Terrarium eine besonders große Bedeutung zukommt, da man sie durch entsprechende technische Ausstattung und durch die Wahl der Einrichtungsgegenstände sehr leicht variieren und beeinflussen kann.

Den Temperaturgradienten erzeugt man durch den Einsatz entsprechender Heizgeräte bzw. der Beleuchtungsmittel, wobei jedoch immer auch die Lebensweise des gepflegten Tieres zu beachten ist. Bei Arten, die über ein ausgeprägtes Verhalten des „Sich-Sonnens" verfügen, können solche Wärmeinseln durch Wärmestrahler erzeugt werden, während bei Arten, denen diese Verhaltensweise fehlt, eher Heizmatten und -kabel eingesetzt werden sollten. Grundsätzlich müssen alle im Terrarium gepflegten Tiere die Möglichkeit haben, sich an einem geeigneten Wärmeplatz aufzuheizen – mit der Ausnahme von Arten, die hohe Temperaturen in der Natur meiden!

Neben der Art der Wärmeerzeugung spielt bei der Realisierung einer solchen Wärmezonierung im Terrarium auch die Einrichtung eine Rolle. Unterschiedliche Einrichtungsgegenstände weisen ein unterschiedliches Verhalten bei der Aufnahme und Speicherung von Wärme auf. Steine heizen sich sehr schnell auf und speichern die Wärme für längere Zeit, wogegen Totholz sich nur sehr langsam erwärmt und die Wärme auch nicht sehr lange hält.

Viele Arten wählen darüber hinaus ihre Wärmeplätze aufgrund der bevorzugten Oberfläche aus.

Wüstenterrarium mit Felsrückwand und Kletterästen (Zoo Frankfurt) Foto: T. Wilms

Einige bevorzugen Holz oder Gestein als Untergrund, während andere Sand oder einen organischen Untergrund (Laubstreu, Pflanzen etc.) wählen. Die verschiedenartigen Materialien verfügen jedoch nicht nur über unterschiedliche Eigenschaften bei der Speicherung von Wärme, sondern auch bezüglich der erreichbaren absoluten Temperatur.

Man kann beispielsweise unterschiedliche Sonnenplätze schaffen, indem man zwei Wärmestrahler auf verschiedene Materialien richtet. Bei der Haltung von Arten aus einem Savannengebiet könnte man eine der Lampen auf eine Steinplatte oder auf einen sicher aufgeschichteten Steinhaufen und die andere auf einen Kletterast richten. Man erhält dadurch zwei völlig unterschiedliche Sonnenplätze, die sich sowohl durch ihre thermischen als auch durch ihre biologischen Eigenschaften für das Tier (beispielsweise Oberflächenstruktur), unterscheiden. Durch den Einsatz unterschiedlich

starker Leuchtmittel kann dieser Effekt noch verstärkt werden. Besondere Aufmerksamkeit muss man darauf verwenden, dass sich die Tiere an einer Wärmequelle nicht verbrennen können!

Licht

Die fachgerechte Beleuchtung eines Terrariums ist auch noch heute sicherlich eines der schwierigsten Themen in der Terraristik. Wichtige Parameter, die bei der Auswahl der Beleuchtungskörper berücksichtigt werden müssen, sind Beleuchtungsstärke und die spektrale Farbverteilung. Es steht heute eine Vielzahl unterschiedlichster Beleuchtungskörper zur Verfügung, deren Eigenschaften jedoch hier nicht ausführlich vorgestellt werden können (vgl. SAUER et al. 2004). Als Grundregel gilt, dass die Beleuchtungsstärke immer an die Lichtintensität im Lebensraum der zu pflegenden Art orientiert sein muss. Bei Arten aus offenen, sonnendurchfluteten Lebensräumen muss die Beleuchtungsstärke sehr hoch sein, und das Terrarium kann annähernd gleichmäßig ausgeleuchtet werden. Selbstverständlich ist es aus technischen und wirtschaftlichen Erwägungen kaum möglich, die Lichtfülle eines lichtdurchfluteten Lebensraumes im Terrarium vollständig zu imitieren. Trotzdem sollte man versuchen, durch den Einsatz möglichst energieeffizienter Lampen eine hohe Beleuchtungsstärke zu erreichen.

Anders sieht die Situation bei der Haltung von Arten aus mehr oder weniger bewaldeten Gebieten aus. Hier wird ein beträchtlicher Teil der Sonnenstrahlung durch die Kronen einzeln stehender Bäume oder durch ein geschlossenes Kronendach absorbiert und dringt nicht mehr bis zum Boden vor. Als Folge davon entstehen am Boden unterschiedlich große Schatten- und Sonnenbereiche, deren Größe und Lage sich je nach Sonnenstand beträchtlich verändern (PIANKA 1986). Nun ist es sicherlich nicht notwendig, den Gang der Sonne im Terrarium zu imitieren, es sollten aber auf jeden Fall Bereiche mit einer unterschiedlichen Beleuchtungsstärke geschaffen werden. Schattige Bereiche lassen sich durch die Verwendung von Baumstämmen, Stubben, Steinblöcken, aber auch

Gut strukturiertes Halbtrockenterrarium (Zoo Frankfurt)   Foto: T. Wilms

durch den Einsatz trockener Büsche oder durch lebende Pflanzen gestalten. Bei der Pflege von Arten aus solchen Lebensräumen ist es besonders wichtig, sich über die von den Tieren genutzten Mikrohabitate im Klaren zu sein. Handelt es sich um eine Art, die sich in der Natur überwiegend im freien Gelände aufhält, und die sich nur gelegentlich in den Schatten zurückzieht, dann sollte dafür gesorgt werden, dass den Tieren grundsätzlich eine sehr hohe Lichtintensität mit einigen schattigen Bereichen angeboten wird. Handelt es sich jedoch um eine Art aus einem dichten Waldgebiet, dann muss man darauf achten, dass die Grundbeleuchtung nicht allzu hell ist. Man kann in diesem Fall durch den Einsatz einiger Spotlampen stärker beleuchtete Bereiche schaffen, um Lücken im Kronendach der Bäume zu imitieren. Man sollte jedoch niemals vergessen, dass es selbst in dichten Regenwäldern Bereiche gibt, die von ihren klimatischen Parametern her eher an aride Gebiete denn an die feuchten Tropen erinnern. Ich denke hier in besonderem Maße an Lebensräume in den obersten Etagen des Kronendaches eines Regenwaldes. Dort ist die Sonneneinstrahlung sehr hoch, und es entsteht dadurch – in Verbindung mit dem fast ungehindert wehenden Wind – ein sehr heller, trockener und heißer Lebensraum.

Bei rein nachtaktiven oder überwiegend unter der Erde lebenden Arten reicht es aus, durch eine eher schwache Beleuchtung einen deutlichen Tag-Nacht-Rhythmus zu simulieren.

Feuchtigkeit

Eine den natürlichen Ansprüchen der gepflegten Art entsprechende Umgebungsfeuchtigkeit ist eine sehr wichtige Voraussetzung für die artgerechte Tierpflege. Man unterscheidet einerseits zwischen

der Luftfeuchtigkeit, die durch den relativen Sättigungsgrad der Luft in Prozenten (rel. LF) angegeben wird, der Substratfeuchte, der Feuchtigkeit durch Sprühen („Niederschlag") und offenem Wasser. Jeder dieser Einzelparameter kann zwar für sich gemessen und auch beeinflusst werden, sie stehen jedoch in gegenseitiger Wechselwirkung, und gerade dies macht das Thema Feuchtigkeit, besonders im Feuchtterrarium, etwas schwierig. So kann es in einem Becken, in dem eine hohe Luftfeuchtigkeit benötigt wird, manchmal schwierig sein, trockene Ruheplätze für die Tiere zu erzeugen, und nicht selten kommt es in Feuchtterrarien zu einem Versumpfen des Bodengrundes mit all den negativen Folgeerscheinungen wie Schimmelbildung oder dem Eintreten von Fäulnisprozessen. Einer solchen Entwicklung kann nur durch eine sorgsame Planung der Terrarieneinrichtung und des Terrariums entgegengewirkt werden. Es kommt dabei vor allem auf die Wahl eines geeigneten Bodengrundes, der geeigneten feuchteresistenten Hölzer für die Kletteräste, auf eine gute Drainage und auf eine ausreichende, dem Klima des Terrariums angepasste Lüftung an. Zur Erzeugung und Aufrechterhaltung eines gesunden Bodenklimas im Feuchtterrarium kann eine Durchlüftung des Bodens gute Dienste leisten.
Dazu werden han-

delsübliche Luftschläuche aus der Aquaristik, die mit vielen kleinen Löchern versehen werden, in der Drainageschicht verlegt und am Terrarienboden befestigt. Die Schläuche werden an entsprechende Durchlüftungspumpen angeschlossen.

Grundsätzlich gelten für die Feuchtigkeit im Terrarium ähnliche Überlegungen wie für die Terrarientemperatur. Auch bei diesem Parameter muss man versuchen, durch Einrichtungsgegenstände, entsprechend dem Lebensraum der gepflegten Tiere, eine möglichst vielgestaltige und kleinräumige Strukturierung im Terrarium zu erzeugen. Die dadurch entstehenden Bereiche sollten sich sowohl im Feuchtegrad als auch in Hinsicht auf die Temperatur unterscheiden und so dem Tier die Möglichkeit bieten, sich die in der jeweiligen Situation gerade zuträglichen Bedingungen auszusuchen. Die Feuchtebedingungen im Terrarium können zu einem sehr erheblichen Anteil von der Art und Anordnung verschiedener Einrichtungsgegenstände und Materialien beeinflusst werden. Versteckplätze mit unterschiedlichen Feuchtegraden können durch hohl liegende Rindenstücke, Steinplatten, aber auch durch umgedrehte niedrige Tontöpfe erzeugt werden. In solchen Versteckplätzen wird die Feuchtigkeit hauptsächlich von der Fähigkeit des Bodengrundes, Wasser aufzunehmen und zu speichern, von den wasserableitenden Eigenschaften des abde-

Für die Pflege von *Dracaena guianensis* muß unbedingt ein entsprechend dimensioniertes Wasserbecken vorhanden sein. Foto: T. Wilms

Uferbereich in einem Regenwaldterrarium (Zoo Frankfurt) Foto: T. Wilms

ckenden Materials (Rinde, Stein, gebrannter Ton etc.), aber auch von der Intensität des Besprühens beeinflusst. Trinkgefäße, Bachläufe, Badebecken oder große Wasserbecken in Paludarien sind Einrichtungselemente, die natürlich ebenfalls einen Einfluss auf die Feuchteverhältnisse im Terrarium haben. Und auch lebende Pflanzen als Gestaltungs- und Einrichtungselemente tragen durch ihre Fähigkeit, Wasser über die Oberfläche zu verdunsten, und durch die Bildung kleiner Wasseransammlungen (z. B. Bromelientrichter, so genannte Phytothelmen) dazu bei, einen ausgeglichenen Feuchtehaushalt im Terrarium aufzubauen.

Man sollte sich stets vergegenwärtigen, dass selbst Arten aus sehr trockenen Gebieten während bestimmter Tages- und/oder Jahreszeiten Zugang zu feuchten Versteckplätzen oder zu kleinen Wasseransammlungen (wassergefüllte Senken im Boden oder in Felsen, Tümpel etc.) haben. Die Luftfeuchte in Trockengebieten ist indes meist relativ niedrig, aber auch sie unterliegt tageszeitli-

chen Schwankungen, indem die niedrige Luftfeuchtigkeit des Tages in der Nacht durch Nebel- und Taubildung sehr stark ansteigen kann. Ausnahmen bilden hier die so genannte Nebelwüsten (z. B. Namib), in denen es über weite Teile des Jahres eine ganztägig hohe Luftfeuchtigkeit geben kann. Die Bodenfeuchte ist in Wüstengebieten ab einer gewissen Tiefe oft erstaunlich hoch.

Entsprechend diesen in der Natur herrschenden Bedingungen sollte man wüstenbewohnenden Reptilien und Amphibien stets auch etwas feuchtere Versteck- und Ruheplätze anbieten, im Gegenzug dazu ist es aber auch angezeigt, für Arten aus feuchten Lebensräumen immer auch trockene Bereiche zu schaffen.

Die Möglichkeiten, die Terrarienfeuchte zu beeinflussen, sind sehr vielgestaltig, wobei ich an dieser Stelle jedoch nicht auf die unterschiedlichen technischen Hilfsmittel eingehen möchte, die zur Erzeugung und Steuerung dieses Faktors zur Verfügung stehen.

Unter trockenen Grasbüscheln angelegte Höhlen sind begehrte Versteckplätze. Foto: T. Wilms

2.2 Strukturelle Faktoren

Die Qualität eines Terrariums als Lebensraum für die in ihm gepflegten Tiere hängt zu einem nicht geringen Anteil von der Art der Einrichtungsgegenstände sowie von deren Anordnung ab. Durch die Einrichtung kann das Terrarium funktionell unterteilt werden, wobei diesen Teilbereichen sowohl Bedeutung für die Regulation des Temperatur- und Feuchtigkeitshaushaltes zukommt, gleichzeitig werden für das Tier aber auch Bedingungen geschaffen, die ihm ein möglichst natürliches Verhalten ermöglichen. Bei der gemeinsamen Haltung mehrerer Tiere einer Art oder bei der Vergesellschaftung mehrerer Arten muss auf jeden Fall darauf geachtet werden, dass jedes Tier und jede Art geeignete Bedingungen vorfindet. Je mehr ein Terrarium strukturiert ist, desto geringer ist die Gefahr, dass soziale Interaktionen innerhalb der Gruppe aufgrund fehlender Versteckplätze oder eines fehlenden Sichtschutzes in Stress oder gar in

Beschädigungskämpfe ausarten. Grundvoraussetzung ist aber auch hier, dass bei der Vergesellschaftung die natürliche Lebensweise und die spezifischen sozialen Eigenschaften und Ansprüche der jeweiligen Spezies berücksichtigt werden. Sehr territoriale Arten wird man beispielsweise nicht vergesellschaften können, auch dann nicht, wenn man ein stark strukturiertes Terrarium anbietet.

Der biologische Sinn hinter einer mikroklimatischen Gliederung des Terrariums wurde bereits im Rahmen der Ausführungen über Temperatur, Feuchtigkeit und Licht dargestellt. Von nicht geringerer Bedeutung ist jedoch auch die psychische Komponente. Eine artgerechte Inneneinrichtung bietet dem Tier Versteck- und Ruheplätze, Sichtschutz gegenüber Artgenossen (oder auch gegenüber artfremden Tieren), Plätze, die der Balz und der Paarung dienen, Eiablage- und Sonnenplätze sowie Bereiche, die eine artgemäße Aktivität er-

Es ist bei der Einrichtung eines Terrariums wichtig für eine kleinräumige Strukturierung zu sorgen (Versteckmöglichkeiten, verschiedene Bodengründe, unterschiedliche Feuchtigkeit, Laubstreu etc.) Foto: T. Wilms

möglichen (Bewegung, Futtersuche etc.). Selbstverständlich trägt auch die unterschiedliche Oberflächenbeschaffenheit verschiedener Materialien dazu bei, die Attraktivität eines Terrariums für seine Bewohner zu erhöhen. Ein willkommener Nebeneffekt einer solchen reich strukturierten Terrarieneinrichtung mit Baumstämmen, Stubben, Ästen, Felsen und Korkröhren ist die Vergrößerung der von den Tieren effektiv nutzbaren Fläche.

Eines muss aber immer beachtet werden: Die wichtigste Voraussetzung für die Planung der räumlichen Strukturierung eines Terrariums ist die Kenntnis der Lebensweise der betreffenden Tiere in ihrem natürlichen Lebensraum. Von der Lebensweise ist abhängig, welche Terrarienart und Einrichtungsgegenstände verwendet werden können, denn nur ein der jeweiligen Tierart entsprechendes Terrarium mit einer geeigneten Einrichtung erfüllt ihren biologischen Zweck. Neben der Art der Einrichtungsgegenstände muss auch deren Beschaffenheit in die Überlegungen mit einbezogen werden. Wichtige Faktoren sind beispiels-

weise die Stärke von Kletterästen, die Struktur der Rinde, die Oberflächenstruktur von Steinen und die Beschaffenheit des Bodengrundes. So ergibt es selbstredend keinen Sinn, eine Art, die in der Natur auf Bäume klettert, in einem reinen Felsterrarium zu halten oder einen Felskletterer in einem ausschließlich mit Kletterästen ausgestatteten Terrarium. Abgesehen davon, dass eine solche Einrichtung der Natur dieser Tiere widerspricht, können auch ernsthafte gesundheitliche Probleme, wie Entzündungen der Fußsohlen, eine vermehrte Abnutzung der Krallen und Fehlstellungen des Bewegungsapparates durch ungeeignete Einrichtungsgegenstände hervorgerufen werden.

In der Natur nutzen Reptilien und Amphibien Erdhöhlen, Termitenbauten, Felsspalten, Baumhöhlen, dichte Vegetation sowie Höhlen unter Steinplatten und unter umgestürzten Bäumen als Versteckplätze. Diese Plätze dienen zum einen der Regulation der Temperatur und der Feuchtigkeit, sie bieten dem Tier aber auch ein Gefühl der Sicherheit und dürfen daher im Terrarium ebenfalls

Hypsilurus dilophus **ist eine stattliche Baumagame aus Asien.** Foto: T. Wilms

nicht fehlen. Bei der gemeinsamen Pflege mehrerer Tiere muss für jedes Tier eine eigene Rückzugsgelegenheit vorgesehen werden. Es ist ein Irrglaube, dass man seine Pfleglinge in einem reichlich mit Versteckplätzen ausgestatteten Behälter nicht zu Gesicht bekommen würde. Das Gegenteil ist der Fall: In einem solchen Terrarium fühlen sich die Tiere sicher, sie halten sich oft außerhalb ihrer Versteckplätze auf und zeigen ein vielfältigeres Verhalten, als dies in einem spartanisch eingerichteten Terrarium der Fall wäre. Ein Terrarium ohne entsprechende räumliche Strukturierung fördert darüber hinaus bei vielen Tieren ein ängstliches und, daraus entstehend, auch ein aggressives Verhalten.

Die unterschiedlichen Lebensweisen freilebender Amphibien und Reptilien lassen sich vereinfacht in fünf Kategorien unterteilen. Im Folgenden werden für jede dieser Kategorien Empfehlungen zur Art des Behälters und zur grundsätzlichen Struktur der Einrichtung gegeben.

1 Wasserlebend (aquatisch/semiaquatisch)
Bei der Pflege aquatischer oder semiaquatischer Reptilien- und Amphibienarten können Aquarien (aquatische Arten) oder Aquaterrarien (semiaquatische Arten) verwendet werden. Die Größe des Behälters und desssen Größenrelationen sowie die Einrichtung sind von den Ansprüchen der gepflegten Art abhängig (vgl. Kap. 3.4).

2 Unterirdisch lebend (subterrestrisch)
Für die Haltung subterrestrisch lebender Arten ist in erster Linie die Grundfläche und die Höhe des Bodensubstrates von Bedeutung. Da diese Tiere in besonderem Maße von der Beschaffenheit des Substrates abhängig sind, muss der Auswahl des Bodengrundes besonderes Augenmerk geschenkt werden (vgl. Kap. 3.3). Durch verschiedene Strukturelemente (Rindenstücke, flache Steinplatten etc., vgl. Kap. 3.5) können auch für diese Tiere geeignete Aufenthaltsplätze geschaffen werden. Je

nach Art kann ein geeignetes Wassergefäß notwendig sein.

3 Bodenbewohnend (terrestrisch)

Bei der Auswahl eines Terrariums zur Haltung bodenbewohnender Arten ist der wichtigste Parameter die Grundfläche. Diese sollte möglichst groß gewählt werden und muss mindestens so groß sein, dass das Tier seinen artgemäßen Bewegungsdrang befriedigen kann. Die Höhe des Terrariums ist zunächst von sekundärer Bedeutung, muss aber bei Arten die gelegentlich etwas klettern ebenfalls berücksichtigt werden. Die grundsätzliche Einrichtungsstruktur sollte von einer ausreichend hohen Bodenschicht geprägt sein, wobei die Wahl des Substrates ausschließlich aufgrund der natürlichen Ansprüche der Pfleglinge zu wählen ist (siehe Kap. 3.3). Strukturelemente in Form von Wurzeln, Steinen, Ästen, Pflanzen und künstlichen Gegenständen (vgl. Kap. 3.5) können dazu verwendet werden, für die Tiere entsprechende Präsentier- und Versteckplätze sowie Stellen zur Regulation der Temperatur und Feuchtigkeit zu schaffen. Je nach den Ansprüchen der gepflegten Art ist es notwendig, entsprechende Wassergefäße einzubringen. Aus optischen Gründen ist eine entsprechende Rückwandgestaltung empfehlenswert.

4 Baumbewohnend (arboricol)

Das Terrarium zur Haltung baumbewohnender Arten sollte möglichst hochformatig gewählt werden. Die Grundfläche muss jedoch trotzdem so bemessen sein, dass sie der Größe der Tiere und deren Bewegungsdrang entspricht. Die Einrichtungsstruktur sollte je nach gepflegter Art von horizontal und/oder vertikal angebrachten Kletterästen geprägt sein. Rückzugsmöglichkeiten können durch eine üppige Bepflanzung oder durch den Einsatz von Raum- und Gestaltungselementen geschaffen werden (vgl. Kap. 3.5). Durch eine entsprechend gestaltete Rückwand kann die von den Tieren effektiv nutzbare Fläche ver-

Solche Bambusstäbe eignen sich
für kleinere Echsen als Versteckplatz
(hier *Phelsuma klemmeri*).
Foto: T. Wilms

größert werden (vgl. Kap. 3.4). Je nach der natürlichen Lebensweise der gepflegten Art kann es notwendig sein, ein angemessenes Wasserbecken anzubieten.

5 Felsbewohnend (petricol)

Bei der Haltung von felsbewohnenden Arten muss man grundsätzlich zwischen Arten, die eine felskletternde Lebensweise führen, und solchen, die mehr auf ausgedehnten horizontalen Felsflächen leben, unterscheiden. In ersterem Fall sollte das Terrarium eher hochformatig gewählt werden, während im zweiten Fall eher ein querformatiges Becken zu bevorzugen ist. In beiden Fällen muss die Grundfläche ausreichen, um den Bewegungsdrang der entsprechenden Art zu befriedigen. Die grundsätzliche Einrichtungsstruktur wird in beiden Fällen durch den Einsatz von Natur- oder Kunstfelsen bestimmt. Der Unterschied liegt darin, dass für den Felskletterer eine Felsrückwand mit entsprechenden Spalten als Rückzugsmöglichkeiten wichtig ist, während für den Felsflächenbewohner eher die Nachbildung eines Geröllfeldes anzustreben ist. In beiden Fällen ist für ausreichende Sonnen-, Versteck- und Präsentierplätze zu sorgen (vgl. Kap. 3.5). Die Höhe des Bodengrundes ist meist nicht von großer Bedeutung, da petricole Arten den Boden nur selten und dann meist zu bestimmten Anlässen (bspw. Eiablage) aufsuchen. Trotzdem muss man darauf achten, dass der verwendete Bodengrund den Ansprüchen der gepflegten Art entspricht (vgl. Kap. 3.3). Je nach Art kann ein geeignetes Wassergefäß notwendig sein.

3. Terrarieneinrichtung – Materialien und Methoden in der Praxis

Im nachfolgenden Kapitel werden Materialien und Methoden vorgestellt, mit deren Hilfe sinnvolle und artgerechte Einrichtungen für Terrarien hergestellt werden können. Die Auswahl der vorgestellten Materialien, Methoden und kommerziellen Einrichtungsgegenstände erfolgte nach unterschiedlichen – teils auch subjektiven – Gesichtspunkten. Eine der wichtigsten Anforderungen war die einfache Handhabung, die ohne allzu großen handwerklichen Aufwand realisierbar sein sollte. Aus diesem Grund wurden anspruchsvolle Techniken, wie beispielsweise Abgusstechniken, nicht mit aufgenommen. Ein weiterer sehr wichtiger Punkt, der insbesondere in Hinsicht auf kommerziell hergestellte Einrichtungsgegenstände angewendet wurde, war die Frage nach der biologischen Funktion des entsprechenden Gegenstandes. So werden Produkte mit fraglichem Nutzen für die Tiere nicht vorgestellt.

Die Einsatzmöglichkeiten der empfohlenen Materialien sind für die unterschiedlichen Terrarientypen dargestellt, und der Bau von Rück- und Seitenwänden sowie der verschiedenen Strukturelemente ist anhand detaillierter Bauanleitungen beschrieben.

3.1 Etwas Statik für den Terrarianer

Beim Bau und der Einrichtung von Terrarien sollte man sich im eigenen Interesse über die vom Terrarium ausgehende statische Belastung informieren und im Vorfeld abklären, ob die Boden- bzw. Deckenkonstruktion dieser Belastung gewachsen ist. Die Abschätzung der Belastbarkeit einer Decke ist von vielen unterschiedlichen Parametern (Art der Deckenkonstruktion, Art der verwendeten Materialien, Abmessungen der tragenden Bauteile etc.) abhängig, sodass es nicht möglich ist, hier Richtwerte anzugeben. Es ist daher bei der Planung größerer Terrarienanlagen oder schwerer Einzelterrarien dringend anzuraten, die Tragfähigkeit der Deckenkonstruktion von einer fachkundigen Person (Statiker, Architekt, Bauingenieur) prüfen zu lassen.

Grundvoraussetzung für diese Überprüfung ist eine realistische Einschätzung der zu erwartenden Masse des Terrariums. Leider sind in der terraristischen Literatur nur spärliche Angaben zu finden, die es dem Terrarianer kaum ermöglichen, die zu erwartende Masse eines Terrariums zu berechnen (vgl. auch MÜLLER 2003). In Tabelle 1 sind daher die Lastannahmen für verschiedene Materialien nach DIN 1055 aufgelistet, sodass Sie bereits im Vorfeld anhand dieser Daten eine verlässliche Einschätzung des Terrariengewichtes durchführen

können. Die Eigenlasten werden in kN/m^2 (Kilo-Newton pro Kubikmeter) angegeben. Da diese physikalische Einheit jedoch für den „Normalterrarianer" nur wenig anschaulich ist, lassen sich diese Werte mit dem Faktor 9,81 in Kilogramm umrechnen (9,81 N = 0,00981 kN = 1 kg). Aufgrund der besseren Praktikabilität kann man auch mit gerundeten Werten rechnen (10 N = 0,01 kN = 1 kg).

Für die Berechnung der Masse müssen zunächst das Volumen oder die Fläche jedes der verwendeten Werkstoffe ermittelt und mit dem entsprechenden Wert aus Tabelle 1 multipliziert werden. Die Einzelmassen werden anschließend addiert. Bei der Berechnung der Masse eines gefüllten Wasserteils muss auf jeden Fall berücksichtigt werden, dass die verwendete Dekoration ein bestimmtes Wasservolumen verdrängt (das demnach nicht in die Berechnung der Masse des Wassers einbezogen werden darf)!

Die Massen von Materialien wie Lochblechen, Drahtgaze und Führungsschienen sind vernachlässigbar und gehen nicht in diese Berechnung mit ein.

Als Beispiel soll hier die Masse eines Aquaterrariums mit den Maßen 150 x 70 x 150 cm (L x B x H) berechnet werden. Die Glasstärke beträgt 8 mm (0,008 m). Das integrierte Aquarium hat ein Fassungsvermögen von 240 Litern (Maße des

Wasserteils: 150 x 40 x 40 cm) und ist durch eine 8 mm starke Glasplatte (150 x 40 cm) abgeteilt.

Das Aquaterrarium ist mit einer Rückwand aus 5 cm dicken Presskorkplatten (150 x 120 cm) ausgestattet. Die Drainage besteht aus einer 10 cm hohen Blähtonschicht, und der Bodengrund aus Humusboden (30 cm hoch). Der Aquarienboden ist 5 cm hoch mit Kies aufgefüllt, und das Aquarium ist mit mehreren Sandsteinplatten (Volumen ca. 0,050 m^3) eingerichtet. Als Klettergelegenheit werden Obstbaumäste verwendet (Volumen ca. 0,09 m^3).

Glas

Glasfläche: 9,3 m^2

Glasvolumen: 9,3 m^2 * 0,008 m = 0,075 m^3

Glasmasse: 0,075 m^3 * 2500 kg/m^3 = **187,5 kg**

Aquarienkies

Kiesvolumen: 1,50 m * 0,40 m * 0,05 m = 0,03 m^3

Kiesmasse: 0,03 m^3 * 2000 kg/m^3 = **60 kg**

Sandsteine

Sandsteinmasse: 0,050 m^3 * 2700 kg/m^3 = **135 kg**

Blähton

Blähtonvolumen: 1,50 m * 0,30 m * 0,10 m = 0,045 m^3

Blähtonmasse: 0,045 m^3 * 1500 kg/m^3 = **67,5 kg**

Humusboden

Bodenvolumen: 1,50 m * 0,30 m * 0,30 m = 0,135 m^3

Bodenmasse: 0,135 m^3 * 1300 kg/m^3 = **175,5 kg**

Presskorkplatten

Fläche: 1,8 m^2

Masse: 1,8 m^2 * 1,2 kg/m^2/cm = 2,15 kg/cm * 5 cm (Dicke der Platte) = **10,8 kg**

Kletteräste

Masse: 0,09 m^3 * 800 kg/m^3 = **72 kg**

Wasser

Volumen (der Einfachheit halber angenommen, der Wasserteil sei vollständig gefüllt: 240 l = 0,24 m^3) abzügl. Volumen Kies und Volumen Steine = 0,24 m^3 - (0,03 m^3+ 0,05m^3) = 0,16 m^3

Masse: 0,16 m^3 * 1000 kg/m^3 = **160 kg**

Die Masse das Aquaterrariums beträgt demnach 868,3 kg, wobei das Gewicht der Lampen, der Heizung, des Filters, der Pflanzen, des Silikonklebers etc. noch nicht berücksichtigt ist. Ich würde in diesem Fall eine Gesamtmasse des komplett eingerichteten Aquaterrariums (ohne Unterschrank!) von ca. 900–950 kg für realistisch halten. Auch bei der Einrichtung von Trockenterrarien sollte man sich Gedanken über das erreichbare Gewicht machen, da bei diesem Terrarientyp vor allem schwere Materialien wie Sand, Steine und Felsen verwendet werden. MÜLLER (2003) beispielsweise berechnet die Masse eines Trockenterrariums mit einem 10 cm hohen Sandboden (Maße: 145 x 100 x 75 cm; L x B x H) auf etwa 500 kg.

Tab 1. Lastannahmen gemäß DIN 1055		
Material	**Masse (kN/m^3)**	**Masse gerundet (kg/m^3)**
Holzspäne, lose geschüttet	2,0	200
Kork, gepresst	3,0	300
Schwarztorf, fest gepackt	5,0	500
Nadelholz	6,0	600
Tischlerplatten (nach DIN 68705)	6,5	650
Laubholz	8,0	800
Spanplatten (nach DIN 68761 & 68763)	7,5	750
Bimsstein	9,0	900
Wasser	10,0	1000
Torf, feucht	11,0	1100
Humusboden	13,0	1300
Acrylglas	12,0	1200
Lehmmörtel	20,0	2000
Zementmörtel	21,0	2100
Glas	25,0	2500
Drahtglas	26,0	2600
Sandstein	27,0	2700
Granit, Porphyr, Kalkstein, Schiefer	28,0	2800
Basalt	30,0	3000
Aluminium	27,0	2700
Aluminiumlegierungen	28,0	2800
Sand/Kies, (trocken oder erdfeucht)	18,0	1800
Sand, nass	20,0	2000
Blähton	15,0	1500
Stahl	78,5	7850
Material	**Masse (kN/m^2) je cm Dicke**	**Masse (kg/m^2) je cm Dicke**
Korkschrotplatten aus Backkork (DIN 18161)	0,012	1,2
Schaumglas	0,01	1,0

Einige ausgewählte Werkzeuge, ...

3.2 Materialien und Werkzeuge

Werkzeuge

Mit den folgenden Werkzeugen ist man für den Bau von Einrichtungsgegenständen für ein Terrarium gut ausgestattet: Cuttermesser, Säge (Fuchsschwanz, Eisensäge, Japansäge, Elektrische Stichsäge), Stahlbürste, Stechbeitel, Spachteln, Feilen, Meißel, Schleifpapier, Rührhölzer, Bohrmaschine mit Mischaufsatz, Heißluftfön, Gaslötstift, Zollstock, Silikonpistole, Abzieher für Silikonnähte, Handschuhe (Gummihandschuhe, Arbeitshandschuhe), Lackierrollen, Schere, Hammer, Gummihammer, Waage.

Pinsel
Unterschiedliche Pinsel gehören zur Grundausstattung beim Bau von Terrarieneinrichtungen. Sie die-

nen zum Auftragen von Farben, aber auch von verschiedenen Harzen und Klebstoffen sowie zum Glätten und Nacharbeiten von Zementoberflächen. Man sollte nicht zu feine Pinsel wählen, sondern eher solche mit steifen, widerstandsfähigen Borsten.

Schwämme
Schwämme eignen sich, um Oberflächen aus Zement oder Beton zu strukturieren und zu bearbeiten. Bewährt haben sich dazu eher etwas weichere Kunststoffschwämme, die möglichst gut angefeuchtet werden und mit denen man dann die Oberflächenbeschichtung eines Kunstfelsens auf Zementbasis durch Wischen und Stupfen modellieren kann. Darüber hinaus lassen sich Farben mit einem Schwamm in der so genannten Wischtechnik auftragen.

...die zu erschwinglichen Preisen in jedem Baumarkt erhältlich sind. Fotos: T. Wilms

Materialien

Dispersionsleime (beispielsweise: „Weißleim")

Dispersionsleime sind Einkomponenten-Leime, die aus einem Lösungsmittel mit darin schwebenden Kunststoffteilchen bestehen. Der Abbindevorgang erfolgt rein physikalisch durch die Verdunstung des Lösungsmittels (meist Wasser). Aufgrund ihrer unterschiedlichen Wasserbeständigkeit werden Dispersionsleime in unterschiedliche Klassen eingeteilt (D1 bis D4). Für die Anwendung im Terrarienbereich kommen nur Dispersionsleime der Klassen D3 und D4 in Frage (D3: für sehr feuchte Umgebungen mit kurzeitiger Wassereinwirkung, D4: beständig gegen dauerhaft feuchte Klimaeinflüsse).

Geeignete Dispersionsleime sind die von unterschiedlichen Herstellern angebotenen Holz- oder Weißleime (beispw. Ponal D3). Es handelt sich dabei meist um Leim auf der Basis einer Polyvinyla-cetat-Dispersion. Weißleim entsprechend den Anforderungen D3 zeichnet sich durch eine sehr gute Feuchtigkeitsbeständigkeit aus („Wasserfester Holzleim") und ist für die meisten Anwendungen im Terrarienbereich ausreichend. Werden höhere Anforderungen an die Beständigkeit gegenüber Feuchtigkeit gestellt, dann kann man dem Leim der Klasse D3 einen entsprechenden Härter zusetzen (nur vom jeweiligen Hersteller zugelassene Härter verwenden!). Der ausgehärtete Leim entspricht nun der Klasse D4. Das Leim/Härter-Gemisch kann innerhalb von acht Stunden in D4-Qualität eingesetzt werden. Danach ist die Restmenge als D3-Leim weiterverwendbar.

Neben den Weißleimen, deren Wasserbeständigkeit durch die Zugabe von Härter erhöht werden kann, gibt es auch solche, die bereits ab Werk den Vorgaben der Norm D4 entsprechen (beispw. Bindan-D4).

Weißleim mit einem Päckchen Härter (vgl. Text)
Foto: T. Wilms

Die zu beklebenden Flächen müssen fett- und öl-
frei sein. Ausgehärteter Weißleim ist weder ge-
sundheits- noch umweltschädlich und verfügt über
folgende Eigenschaften: Hitzebeständig bis 70 °C
bzw. D4 bis ca. 120 °C, thermoplastisch, alterungs-
beständig, hart bis hartelastisch. Viele Weißleime
sind aufgrund ihres sehr geringen Schadstoffge-
haltes sogar für die Herstellung von Kinderspiel-
zeug zugelassen.

Silikon

Silikon ist als Kleber beim Bau und der Einrichtung von Terrarien nicht mehr wegzudenken. Mit
ihm kann man fast alle Materialien, die für die Einrichtung von Terrarien verwendet werden, sicher
verkleben (z. B. Glas, Holz, Kork, Kokosmatten,
Xaxim, Styropor, Styrodur, Stein, Bambus, Kunststoffe). Voraussetzung ist jedoch, dass die Oberfläche tragfähig, d. h. vor allem, dass sie fett- und
staubfrei ist. Chemisch handelt es sich bei Silikon
um eine Siliziumverbindung (vernetztes Silizium-
oxid mit Kohlenwasserstoffresten). Die für die Anwendung im Terrarienbereich geeigneten Silikone
härten unter dem Einfluss der Luftfeuchtigkeit aus
und spalten dabei Essigsäure ab. Je nach Fugendi-
cke kann es bis zur vollständigen Aushärtung des
Silikons mehrere Tage dauern. Auf jeden Fall sollte
man darauf achten, dass das Terrarium gründlich
gelüftet wird. Vollständig ausgehärtetes Silikon ist
ungiftig und gesundheitlich unbedenklich.

Beim Kauf von Silikonkautschuk sollte man vor
allem darauf achten, dass man nicht Produkte erwirbt, denen zum Schutz vor Schimmel fungizide
Bestandteile beigemischt sind. Am besten verwendet man ein Produkt, das auch zum Bau von
Aquarien zugelassen ist. Silikonfugen kann man
mit speziellen Kunststoffwerkzeugen sehr gut
glätten, indem man sie zunächst mit einem Was-
ser/Spülmittel-Gemisch benetzt und die Fuge anschließend mit diesem Werkzeug abzieht.

Styropor und Styrodur

Unter den Handelsnamen „Styropor" und „Styrodur" werden Dämmstoffplatten aus Polystyrol im
Baustoffhandel angeboten. Der Unterschied zwischen beiden Produkten besteht in der unterschiedlichen Verarbeitung des Grundstoffes Polystyrol.
Bei Styropor handelt es sich um expandiertes, bei
Styrodur um extrudiertes Polystyrol. Die Unterschiede in der Verarbeitung spiegeln sich auch in
den Eigenschaften wider. Styropor ist relativ weich
und verfügt über eine sehr großporige Struktur
(„Styropor-Kügelchen"), während Styrodur wesentlich härter ist und eine sehr feinporige Struktur
aufweist. Die Endprodukte Styropor und Styrodur
sind ungiftig und äußerst widerstandsfähig gegenüber Feuchtigkeit. Bei der Bearbeitung mit einem
Heißluftgebläse oder einem Lötkolben entstehen
jedoch giftige Styroldämpfe. Diese Arbeiten sollten
daher immer im Freien oder zumindest in einem
sehr gut gelüfteten Raum durchgeführt werden,
wobei die Verwendung einer geeigneten Atemschutzmaske auf jeden Fall zu empfehlen ist!

Für den Bau von Terrarienrückwänden eignen
sich sowohl Styropor- als auch Styrodurplatten,
wobei sich erstgenannter Werkstoff aufgrund seiner geringeren Dichte zweifelsohne besser ver-
und bearbeiten lässt.

Sowohl Styropor als auch Styrodur können mit
einem scharfen Messer (Cuttermesser) oder mit
einer sehr feinen Säge (beispielsweise Metallsäge)
geschnitten werden. Die sauberste Methode, diese
Werkstoffe zu schneiden, besteht jedoch in der
Verwendung eines „Heißen Drahtes". Auch bei
dieser Methode entstehen giftige Dämpfe, sodass
entsprechende Schutzvorkehrungen getroffen
werden müssen (s. o.). Styrodur lässt sich mit
Schleifpapier nachbearbeiten, während das bei
Styropor nicht möglich ist.

Gasbeton-Steine

Gasbeton-Steine sind Steine aus porenhaltigem Leichtbeton, die oft nach einem der bekanntesten Hersteller auch als „Ytong-Steine" bezeichnet werden. Sie bestehen im Wesentlichen aus Zement, Wasser, Kalk, Aluminiumpulver und einem Zuschlag von Flugasche oder Quarzsand. Gasbeton-Steine lassen sich sehr einfach sägen, beispielsweise mit einem Fuchsschwanz, und mit Hammer und Stechbeitel bearbeiten. Sie können als Trägermaterial für den Bau von Kunstfelsen als Rückwandgestaltung verwendet werden. Die Oberfläche muss auf jeden Fall mit einer geeigneten Beschichtung (Putz, Fliesenkleber, Epoxid- oder Polyesterharz) versehen werden. Gasbeton ist sowohl in Stein- als auch in Plattenform erhältlich.

Schaumglas

Schaumglas (auch Foamglas genannt) ist ein geschlossenzelliger, aufgeschäumter Dämmstoff. Das Grundmaterial besteht aus silikatischem Glas und Sand und wird bei hohen Temperaturen mit Einsatz eines Treibmittels (Kohlendioxid) aufgeschäumt. Eine übliche Handelsform für das Schaumglas ist die Plattenform. Diese Platten sind in Stärken von 40–180 mm erhältlich. Schaumglas ist feuchtigkeitsbeständig und hält auch hohen Druckbelastungen stand. Es eignet sich beispielsweise als Trägermaterial bei der Herstellung von Kunstfelsen (WOLFF 1993). Jedoch muss auf jeden Fall eine geeignete Oberflächenbeschichtung erfolgen. Beim Bearbeiten von Schaumglas muss darauf geachtet werden, dass der entstehende Glasstaub nicht eingeatmet wird (Atemschutzmaske tragen).

Epoxidharz

Zur Verarbeitung von Epoxidharzen werden zwei Komponenten benötigt: das eigentliche Epoxidharz und der entsprechende Härter. Durch die Zugabe des Härters wird eine chemische Reaktion gestartet, die zu einer räumlichen Vernetzung der Harzmoleküle und dadurch zur Aushärtung des Harzes führt.

Ausgehärtete Epoxidharze sind gesundheitlich unbedenklich und nicht giftig. Ihre Komponenten hingegen werden als reizend (Harz) beziehungsweise ätzend (Härter) eingestuft. Man muss daher bei der Verarbeitung von Epoxidharz die entsprechenden Gefahrenhinweise und Sicherheitsratschläge beachten (Schutzkleidung, evtl. Abluftanlage!). Bei nicht sachgemäßer Verarbeitung können Haut- und Schleimhautreizungen bzw. auch Verätzungen auftreten. Darüber hinaus kann es zur Ausbildung spezifischer Allergien gegen Bestandteile des Harzes kommen (pers. Mittlg. PAULDURO 2003). Die Farbe von Epoxidharzen ist wasserklar bis gelb, die der Härter farblos bis dunkelrot. Der Geruch gebrauchsfertig angemischter Epoxidharze ist relativ gering, trotzdem ist das Einatmen der Dämpfe zu vermeiden, und geeignete Atemschutzmasken sind zu tragen. Für die Verarbeitung im Terrarium eignen sich Epoxidharze, die zur Oberflächenversiegelung z. B. von Trinkwasserreservoirs entwickelt wurden.

→ Verarbeitung

Harz und Härter dürfen nur draußen oder in gut belüfteten Räumen verarbeitet werden. Die wichtigste Voraussetzung für ein vollständiges Aushärten des Harzes ist die genaue Einhaltung des vorgeschriebenen Mischungsverhältnisses von Harz und Härter (Toleranz nicht größer als ± 2 %). Wird diese Toleranz überschritten, führt dies zu einer nicht optimal verlaufenden chemischen Reaktion – mit der Folge, dass beispielsweise das Harz nicht aushärtet und eine geleeartige Konsistenz beibehält. Es ist daher empfehlenswert, den Härter direkt in das Harz einzuwiegen (Tara-Funktion der Waage verwenden).

Das Harz/Härter-Gemisch muss anschließend gründlich mit einem Holzrührstab durchmischt werden. Als Mischgefäße eignen sich beispielsweise Pappbecher, Gläser und Kunststoffgefäße. Bei der Verwendung von Kunststoffgefäßen muss jedoch bedacht werden, dass die durch die Zugabe des Härters gestartete Reaktion Wärme freisetzt, die bei größeren Harzmengen ausreichen kann, das Harzgemisch zum Kochen zu bringen. Die „kritische Masse", bei der es zu einem Aufkochen des Harzes kommt, ist je nach Harz verschieden und muss für jeden Stoff ausgetestet werden. Mit den von mir verwendeten Harzen (Epple Plast CQ, Comp. A/B, der Firma Epple Baustoffe;

Epoxidharz L 285 und Härter H 285 der Firma Carboplast, www.carboplast.de) ist es möglich, eine Menge von etwa 400–500 g anzumischen, ohne dass das Harz aufzukochen beginnt.

Dem fertig angesetzten Harz/Härter-Gemisch können je nach Bedarf Farben (z. B. Oxidfarben oder Epoxidfarbpasten) oder Dickungsmittel beigemischt werden. Mit Hilfe der Dickungsmittel kann die Viskosität des Harzes verändert werden. Je viskoser das Harz eingestellt wurde, umso dicker können die Harzschichten jeweils aufgetragen werden. Die für unsere Zwecke geeigneten Harze werden kalt, d. h. bei Zimmertemperatur gehärtet. Die Verarbeitungstemperatur sollte daher etwa zwischen 20 und 30 °C betragen. Bei Umgebungstemperaturen unter 15 °C verläuft die Aushärtung des Harzes nicht mehr zufriedenstellend. Nach etwa 24 Stunden hat das Harz eine Aushärtung von etwa 85–90 % erreicht.

Die Verarbeitungszeit des fertigen Harz/Härter-Gemischs ist stark abhängig von der Temperatur und der Größe des Ansatzes. Als Faustregel gilt: Je höher die Temperatur und je größer die angemischte Harzmenge, umso kürzer die Zeit, die zur Verarbeitung zur Verfügung steht. Das Auftragen des Epoxidharzes kann mit geeigneten Pinseln oder Lackierrollen durchgeführt werden. Will man mehrere Schichten Epoxidharz aufbringen, dann müssen die einzelnen Schichten sehr zeitnah nacheinander aufgebracht werden, um eine gute Verbindung zwischen den einzelnen Schichten zu gewährleisten (siehe Gebrauchsanleitung des jeweiligen Harzes). Dem Harzgemisch können Zuschlagsstoffe wie Sand oder feiner Kies zugegeben werden, die für eine raue Oberfläche sorgen. Eine weitere Möglichkeit, eine mit Epoxid gefestigte und versiegelte Oberfläche zu strukturieren, besteht im Aufstreuen verschiedener Naturstoffe (vgl. Kap. 3.4). Zum Säubern der Werkzeuge eignet sich Aceton.

Zusammenfassend sind folgende Vorteile von Epoxidharzen hervorzuheben: hohe Festigkeit, starke Haftung, sehr gute Klebeeigenschaften, Widerstandsfähigkeit gegenüber hohen Temperaturen, geringe Brennbarkeit.

Als Nachteil fallen vor allem die Notwendigkeit einer exakten Dosierung der Komponenten und der relativ hohe Preis auf.

Polyesterharz

Polyesterharz ist in der Terraristik nicht so weit verbreitet wie Epoxidharz, es kann aber durchaus in der Tierhaltung eingesetzt werden (SCHLEICH 1978; LANGER 2003). Polyesterharze benötigen zur Aushärtung wie auch Epoxidharze den Zusatz von Reaktionsmitteln. Um eine Aushärtung bei Raumtemperatur zu erreichen, ist die Zugabe eines Härters und eines Beschleunigers erforderlich.

→ Verarbeitung

Viele handelsübliche Polyester-Harze sind, um eine einfachere Verarbeitung zu gewährleisten, bereits Kobalt-vorbeschleunigt, sodass nur noch ein Peroxid-Härter (MEKP-Härter) zugefügt werden muss. Aufgrund der doch erheblichen Geruchsentwicklung bei der Verarbeitung darf dieses Material nur im Freien oder in **sehr gut** belüfteten Räumen erfolgen.

> Es ist auf jeden Fall für eine den Gefahrenhinweisen und Sicherheitsratschlägen entsprechende Schutzkleidung und für Atemschutz zu sorgen (siehe R- und S-Sätze auf der Verpackung).

Die Verarbeitungszeit kann bei dem von mir verwendeten Polyesterharz (Teralin, Polyestertechnik Langer) durch die Menge des zugesetzten Härters (im Bereich von 0,5–3 %) variiert werden. Bei einer Temperatur von 20 °C und einer Härterzugabe von 1 % beträgt die Verarbeitungszeit ca. 20–30 min, bei 2 % Härterzugabe noch ca. 15–20 min (LANGER 2003). Grundsätzlich nimmt die Verarbeitungszeit mit zunehmender Härterkonzentration und mit ansteigender Umgebungstemperatur ab. LANGER (2003) empfiehlt eine Verarbeitungstemperatur von 20–25 °C. Bei Temperaturen unter 10 °C härtet das Harz nicht mehr gut aus.

Auch bei Polyesterharz können dem Harz Farben und/oder Zuschlagsstoffe (Dickungsmittel wie Baumwollflocken oder Materialien auf Silikatbasis; Sand) beigemischt werden. Die Härtermenge wird dann auf das reine Harzgewicht berechnet. Alles muss anschließend sorgfältig gemischt werden. Der Vorteil der Zugabe von Zuschlagsstoffen in das Harz vor dem Beimischen des Härters liegt darin, dass die Aushärtung noch nicht gestartet wird und man daher für die Verarbeitung des fertigen Gemisches keine Zeit verliert.

Zur Reinigung von Pinseln, Spachteln und anderen Werkzeugen eignet sich Aceton.

> **Achtung:** Polyesterharz darf niemals auf einem Untergrund aus Styropor oder Styrodur verwendet werden, da durch die enthaltenen Lösungsmittel diese Werkstoffe angelöst werden. Als Untergrund für Polyesterharz eignen sich beispielsweise Polyurethan-Hartschaum, Gasbeton oder Schaumglas.

Ein mit Polyesterharz beschichtetes Werkstück sollte zumindest für 1–3 Wochen im Freien gelagert werden, um ein Abdampfen des Lösungsmittels zu ermöglichen. Dieser Vorgang kann durch eine Erwärmung des Werkstückes auf ca. 60 °C beschleunigt werden. Dieser Vorgang wird „tempern" genannt. Eine einfache Möglichkeit, ein Werkstück zu tempern, besteht darin, es während des Sommers in die Sonne zu legen.

Zu den Vorteilen von Polyesterharz gehören zweifelsohne sein relativ geringer Preis und die hohe Festigkeit. Nachteile sind die relativ geringe Klebekraft und die doch sehr beträchtliche Geruchsentwicklung durch die Abgabe des Lösungsmittels Styrol während der Verarbeitung.

Selbst fertige Werkstücke geben noch einige Zeit Styroldämpfe an die Umgebung ab!

Aceton

Aceton (CH_3–CO-CH_3) ist ein universelles Lösungsmittel für verschiedene Lacke und Harze. Es ist flüssig, farblos klar und leicht entzündlich. Man muss bei der Anwendung dieses Lösungsmittels die auf der Verpackung aufgelisteten Gefahren- und Sicherheitsratschläge (R- und S-Sätze) unbedingt berücksichtigen. Die aromatisch riechende Flüssigkeit kann auf der Haut rötliche Entzündung hervorrufen, die Dämpfe reizen die Bronchien und verursachen Kopfschmerzen und Müdigkeit. Es ist auch zu beachten, dass Aceton in der Lage ist, viele Kunststoffe anzulösen.

Farben (Dispersionsfarben, Oxidfarben)

Der Name „Dispersionsfarben" bezieht sich auf die Art und Weise, in der die Bindemittel und Pigmente in der Farbe vorliegen. Sie sind im Lösungsmittel (hier Wasser) fein verteilt, d. h. dispergiert. Die Bindemittel sind nicht wasserlöslich und bilden, wenn das Wasser verdunstet, eine kunststoffartige Oberfläche. Grundsätzlich handelt es sich also bei Dispersionsfarben um wasserverdünnbare Farben. Für die Anwendung im Terrarienbereich eignen sich vor allem Kunststoff-Dispersionsfarben auf Acryl-Basis. Bei der Auswahl der Farbe sollte man auf jeden Fall darauf achten, dass keine bioziden Zusätze in der Farbe enthalten sind. Benutzte Pinsel können mit klarem Wasser, dem evtl. etwas Spülmittel zugesetzt wird, gereinigt werden. Eingetrocknete Pinsel lassen sich nur noch mit Nitroverdünnung reinigen.

Oxidfarben sind pulverförmige Pigmente, meist auf der Basis von Eisen- oder Manganoxiden. Die Farbpalette bei den Oxidfarben reicht von rot über gelb bis zu ocker und braun. Oxidfarben eignen sich z. B. zum Einfärben von Beton, Zement oder Fliesenkleber. Man kann Pigmentfarben auch in einem Gemisch aus Wasser und Weißleim aufnehmen (ca. 20 ml Weißleim auf 500 ml Wasser) und die entstehende Dispersion mit einem Pinsel oder einem Schwamm auftragen (PAULDURO 1991).

Harze (Epoxid- und Polyesterharz) sollten ausschließlich mit den vom jeweiligen Hersteller empfohlenen Farben eingefärbt werden.

Gips

Gips ist ein gesteinsbildendes Mineral, das meist reinweiß in unterirdischen Lagern, vorwiegend in Salzlagerstätten, vorkommt. Chemisch handelt es sich dabei um das Kalziumsalz der Schwefelsäure (Kalziumsulfat, $CaSO_4$). Der im Handel angebotene Gips ist so genannter gebrannter Gips, dem durch das Brennen sein Kristallwasser weitgehend entzogen wurde. Durch das Zuführen von Wasser („durch das Anrühren") kann der Gips wieder in seinen ursprünglichen, festen Zustand übergehen. Dieser Vorgang wird als Abbinden bezeichnet. Da Gips relativ weich und empfindlich gegenüber Feuchtigkeit ist, eignet er sich nur für die Gestaltung in Trockenterrarien für kleine bis mittelgroße Tiere. In der Regel wird man Gips für die Oberflächengestaltung von Kunstfelsen auf der Basis eines Trägermaterials (z. B. Styropor, Styrodur, PU-Schaum, Glasschaum) verwenden, wenn man eine überwiegend glatte Oberfläche erzielen möchte. Durch die Zugabe von Weißleim in das Anmachwasser kann die Festigkeit von Gips beträchtlich erhöht werden.

→ Gips-Leim-Methode

Die Oberfläche für „glatte Felsen" kann aus einem Weißleim/Gips-Gemisch hergestellt werden (Kap. 3.4). Diesem Gemisch kann man je nach gewünschter Oberflächenstruktur feinen Sand beimischen. Um die Festigkeit des Materials zu erhöhen, lassen sich wahlweise bis zu 50 % des Anmachwassers durch Weißleim ersetzen.

Darüber hinaus ist es auch möglich, dem Anmachwasser gleich die gewünschte Farbe (Dispersions-Abtönfarbe) zuzugeben.

Nach dem gründlichen Durchmischen hat man noch etwa 15 min, um die Oberfläche zu gestalten.

> **Tipp:** Sobald die Masse auszuhärten beginnt, sollte man die Werkzeuge schnellstens einer Grobreinigung mit Wasser unterziehen. Der ausgehärtete Werkstoff lässt sich nur noch mechanisch entfernen.

Zement

Zement ist ein mineralisches Bindemittel, das unter Wassereinfluss aushärtet. Er besteht aus verschiedenen fein gemahlenen Ausgangsstoffen, die durch Brennen und Schmelzen aufbereitet werden. Die wichtigste Zementsorte ist Portlandzement, der aus einem gemahlenen und gebrannten Kalkstein-, Kreide-, Ton- und Mergelgemisch besteht. Zement kann im Terrarium für den Bau von Kunstfelsen und zum Mauern von Natursteinen verwendet werden. Dabei können verschiedene Zuschlagsstoffe, beispielsweise Sand, feiner Kies, Lehmpulver und auch Farben, zugesetzt werden. Zum Färben von Zement eignen sich so genannte Oxidfarben, die im Fachhandel erhältlich sind, aber auch einfache Dispersionsfarben aus dem Baumarkt.

Bei der Verarbeitung von Zement sollte man am besten Gummihandschuhe tragen, da Zementmörtel stark alkalisch reagiert und es zu Hautreizungen kommen kann. Aus diesem Grund ist es auch ratsam, Einrichtungsgegenstände, die sich in einem Terrarium dauerhaft unter Wasser befinden, nach dem Abbinden zunächst gründlich zu wässern, um störende Stoffe, wie z. B. Laugen, auszuschwemmen. Vollständig abgebundener und gewässerter Zement ist für die Einrichtung eines Terrariums unbedenklich.

Polyurethan-Hartschaum

Polyurethan-Hartschaum (PU-Hartschaum) ist im Baustoffhandel sowohl als 1-Komponenten- als auch als 2-Komponenten-Schaum erhältlich. Chemisch gesehen handelt es sich bei diesem Werkstoff um aufgeschäumten, räumlich vernetzten Harnstoff. Üblicherweise wird das Material in Dosen angeboten, als so genannter Montageschaum. 1-Komponenten-Montageschaum kann nach kräftigem Schütteln sofort verarbeitet werden, während bei 2-Komponenten-Schaum zunächst die beiden Komponenten zusammengebracht werden müssen (z. B. durch das Drehen des Dosenbodens). Nach kräftigem Schütteln sind dann auch 2-Komponenten-Schäume einsatzbereit. Die beiden Komponenten sind in der Dose bereits im richtigen Mischungsverhältnis enthalten. Daneben sind 2-Komponenten-Schäume in Spezialgeschäften auch in anderen Gebinden erhältlich, beispielsweise Kanistern. Die in getrennten Behältern gelagerten Komponenten müssen vor der Verarbeitung in einem bestimmten Verhältnis (siehe Gebrauchsanleitung) gemischt werden. Das fertige PU-Gemisch kann anschließend entweder in Formen eingefüllt oder, wenn man eine PU-Platte herstellen möchte, auf eine plane, mit einem Rand versehenen Fläche ausgegossen werden. Durch eine chemische Reaktion beginnt das Gemisch nach kurzer Zeit aufzuschäumen.

Während der Verarbeitung von Polyurethan-Schaum können hochentzündliche Gas-Luft-Gemische entstehen. Nicht ausgehärteter PU-Schaum wird als mindergiftig eingestuft. Ausgehärtete Polyurethan-Schäume sind hingegen gesundheitlich unbedenklich und geben keine umwelt- oder gesundheitsgefährdenden Stoffe mehr ab. Ausgehärteter Schaum kann nur noch mechanisch entfernt werden, während er im nicht ausgehärteten Zustand mit Aceton gelöst werden kann. Bei der Verarbeitung von Polyurethan-Schaum müssen unbedingt eine entsprechende Schutzkleidung und Handschuhe getragen werden. Sollte PU-Schaum doch einmal auf die Haut gelangen, kann er mit Hilfe eines Bimssteins entfernt werden.

Neben dem PU-Schaum, der in Dosen oder Kanistern angeboten wird, sind im Handel auch so genannte Polyurethan-Hartschaumplatten erhältlich. Diese Platten können als Trägermaterial beim Bau von Kunstfelsen verwendet werden. In der Regel ist der Preis für PU-Hartschaumplatten höher als für vergleichbare Platten aus Styropor oder Styrodur, sodass man diese Platten nur dann einsetzten sollte, wenn sie aufgrund ihrer Eigenschaften einen Vorteil versprechen. Ein klarer Vorteil der PU-Hartschaumplatten ist ihre Widerstandsfähigkeit gegenüber Polyesterharz. Während Styropor und Styrodur von dem Lösungsmittel im Polyesterharz (Styrol) angelöst werden, bleiben Platten aus Polyurethan formstabil.

3.3 Bodengrund

Die Wahl des geeigneten Bodengrundes ist wohl einer der schwierigsten Themenbereiche innerhalb der Terraristik und muss mit großer Sorgfalt geschehen. Ein ungeeignetes Substrat kann, z. B. durch eine übermäßige Staubentwicklung oder durch scharfe Kanten, zu ernsten gesundheitlichen Beeinträchtigungen der Tiere führen oder, besonders in Feuchtterrarien, durch schimmel- und fäulnisfördernde Eigenschaften das Terrarienklima sehr ungünstig beeinflussen. Vor allem bei der Haltung von Amphibien spielt auch der pH-Wert des Bodens eine nicht unbedeutende Rolle. Dieser sollte in der Regel zwischen pH 6,5 und 8 liegen. In erster Linie muss man sich bei der Wahl des Bodengrundes von den natürlichen Bedürfnissen der Pfleglinge leiten lassen, wobei natürlich niemals hygienische Aspekte in Vergessenheit geraten dürfen. Es ist jedoch nicht damit getan, einen geeigneten Bodengrund in ein Terrarium einzufüllen. Man sollte immer versuchen, ein Terrarium durch verschiedene Materialien zu strukturieren, und dieser Grundsatz gilt auch für den Bodengrund. Trockenes Eichen- oder Buchenlaub kann zur Abdeckung eines Teils der Bodenfläche verwendet werden und dient der zusätzlichen Strukturierung im Terrarium (SCHWARZ 2002). Daneben eignen sich größere Steine, Wurzeln, Grasbüschel und hohl liegende Materialien wie Rindenstücke, halbierte Tontöpfe und -schalen sowie halbierte Kokosnusschalen, um den Bodengrund für die Tiere attraktiver zu machen.

Substrate für Trockenterrarien

Sand und Kies

Sand und Kies sowie deren Gemische sind die klassischen Bodenarten für den Einsatz im Trockenterrarium. Einen Überblick über die normalerweise in einer Sandgrube oder in einem Kieswerk verfügbaren Sand- und Kiesqualitäten gibt KRAFTHÖFER (1997). Grundsätzlich muss man darauf achten, dass der Sand nicht zu staubig und vor allem nicht scharfkantig ist. Auf jeden Fall muss man bei der Wahl des Bodengrundes immer die Ansprüche der gepflegten Tierarten berücksichtigen. In Bezug auf die Materialien Sand und Kies bedeutet das, dass beispielsweise hochgradig an das Wühlen im Sand angepasste Arten, etwa Apothekerskinke (*Scincus* spp.) oder Keilkopfschleichen (*Sphenops* spp.), nicht auf grobem Sand oder gar einem Kies-Sand-Gemisch gepflegt werden dürfen. Solche Arten benötigen einen feinen Sand, der ihnen das „Sandschwimmen" ermöglicht. Solche Anpassungen an einen bestimmten Bodengrund findet man sehr häufig. Viele Arten, die in der Natur beispielsweise an den Lebensraum Düne angepasst sind, würden niemals einen harten, steinigen Boden betreten und umgekehrt.

Gerade die Auswahl des geeigneten Bodengrundes ist also für eine tier- und artgerechte Haltung von besonderer Wichtigkeit ist – und dies gilt nicht nur für sandbewohnende Arten.

Flusssand Foto: T. Wilms

Sand-Kies-Gemisch Foto: T. Wilms

Feiner Kies Foto: T. Wilms

Spielsande aus dem Baumarkt sind häufig sehr gut als Terrariengrund geeignet. Foto: T. Wilms

Bodengrund für an feinsandige Substrate angepasste Arten

Tiere, die in ihrem natürlichen Lebensraum auf Flugsand oder anderen losen Sandarten leben, müssen im Terrarium ebenfalls auf Sand, der keine bindenden Bestandteile enthält, gepflegt werden. Dadurch erreicht man eine lockere Struktur der Sandfläche, die dem Bedürfnis der Pfleglinge entspricht. Entgegen einer oft geäußerten Meinung eignen sich bestimmte Quarzsande gut für die Haltung solcher Tiere. Wichtig ist nur, dass es sich um einen stumpfen, rundkörnigen Sand handelt. Da es bei Quarzsanden unterschiedliche Qualitäten gibt, die sich deutlich in der Form und Größe der Sandkörner unterscheiden, sollte man, bevor man sich für eine bestimmte Sandart entscheidet, die Form der Sandkörner mit einer Lupe (mindestens 10-fache Vergrößerung) überprüfen. Die einzelnen Sandkörner sollten abgerundet sein und keine spitzen Bruchkanten aufweisen (so genannte Rundkorn). Im Terrarienzubehörhandel werden verschiedene zweckmäßige Sandarten angeboten, auch in unterschiedlichen Farben. Es besteht jedoch auch die Möglichkeit, geeignete Sande im Baustoffhandel zu erwerben. Die meisten für diesen Anwendungsbereich geeigneten Sande verfügen über eine Korngröße von 0,2–1,2 mm.

Bodengrund für Arten mit geringer Bindung an einen bestimmten Substrattyp

Für Arten, die in der Natur nicht an einen bestimmten Substrattyp gebunden sind, stehen als Bodengrund im Wesentlichen verschiedene Sande, Sand-Lehm-, Sand-Kies- und Sand-Erde-Gemische sowie bedingt auch feiner Kies zur Verfügung. Auch hier ist die wichtigste Vorraussetzung bei der Auswahl des Bodengrundes dessen Beschaffenheit. Stark staubende, scharfkantige und extrem großkörnige Substrate (beispielsweise grober Kies) sind für die Einrichtung eines Terrariums nicht geeignet.

Sand-Erde-Gemisch Foto: T. Wilms

Man sollte versuchen den Bodenbereich eines Terrariums durch die Verwendung kleinerer Holzstücke oder von Laub zu strukturieren. Foto: T. Wilms

Für welches der angeführten Substrate man sich entscheidet, ist in erster Linie mit den ästhetischen Ansprüchen des Pflegers verknüpft. Ich empfehle, Tiere aus Wüstengebieten auf Sand, Sand-Lehm-Gemischen oder Sand-Kies-Gemischen zu halten, während sich für Arten aus tropischen Steppengebieten zusätzlich das Sand-Erde-Gemisch eignet. Bei der Verwendung von Sand-Lehm-Gemischen kann man durch die Variation des Lehmanteils verschieden feste Böden erzeugen, die sich durch eine unterschiedliche Festigkeit auszeichnen, was besonders für grabende Tiere von Bedeutung ist. Als Lehmanteil für ein Sand-Lehm-Gemisch kann beispielsweise Lehmputz aus dem Natur-Baustoffhandel verwendet werden. Gut geeignet ist auch der ebenfalls als Sackware angebotene Universallehm.

Als Sandanteil eignen sich rund geschliffener Flusssand, Spielsand, Maurersand und verschiedene im Terrarienzubehörhandel erhältliche Sandarten. Seit einiger Zeit werden sogar lehmhaltige Sande im Zubehörhandel angeboten. Selbstverständlich kann man Sand für die Terrarieneinrichtung auch aus der Natur entnehmen, wenn man die genannten Anforderungen an das Material berücksichtigt.

Bodengrund für an feste Substrattypen angepasste Arten

Für Arten, die einen festen Bodengrund bevorzugen, eignet sich z. B. ein Sand-Lehm-Gemisch (lehmiger Sand), das aus Flusssand und Lehmputz selbst gemischt werden kann. Das feuchte Gemisch wird im Terrarium fest angedrückt oder leicht gestampft. Nach dem Trocknen entsteht so ein Bodengrund, dessen Festigkeit durch den Lehmanteil beeinflusst werden kann. Auch die Verwendung von purem Lehm ist möglich.

Lehm und Ton

Lehm eignet sich hervorragend als Bodengrund für ein Trockenterrarium. Es handelt sich bei diesem Substrat um eine Mischung aus Ton, Schluff (Feinst-Sand) und Sand, die auch gröbere Bestandteile wie Kies, Schotter oder Steine enthalten kann. Durch die Verdunstung des Anmachwassers, das notwendig ist, um Lehm verarbeiten zu können und seine Bindekraft zu aktivieren, reduziert sich sein Volumen, es entstehen „Trocken-" bzw. „Schwindrisse", die dem Lehmboden ein sehr natürliches Aussehen verleihen. Das Schwinden kann jedoch auch durch Reduzierung des Wasser- sowie des Tonanteils und durch Optimierung der Kornzusammensetzung verringert werden. Lehm ist nicht wasserfest und muss daher vor starker Feuchtigkeit geschützt werden. Das tägliche Besprühen eines mit einem Lehm- oder Tonboden eingerichteten Terrariums ist jedoch völlig unproblematisch, solange man keine extremen Regenfälle simuliert. Im Gegenteil, einer der Hauptvorteile des Werkstoffes Lehm ist seine Fähigkeit, die Feuchtigkeit zu regulieren. Lehm kann Wasser aus der Luft oder Sprühwasser aufnehmen und es bei Bedarf wieder abgeben. Als Bodengrund für ein Terrarium geeigneter Lehm kann im Natur-Bau-

Für die Haltung vieler Arten (hier die Krokodil-Nachtechse *Lepidophyma flavimaculata*) in halbfeuchten oder feuchten Terrarium kann das Einbringen von Laub im Bodenbereich vorteilhaft sein.   Foto: T. Wilms

stoffhandel erworben werden. Dort werden unterschiedliche Fertigputze auf Lehmbasis angeboten, die teilweise verschiedene Zusatzstoffe wie Strohhäcksel enthalten, was ebenfalls zu einer sehr naturähnlichen Optik des Bodengrundes beiträgt.

Ton eignet sich ebenfalls als Bodengrund für das Trockenterrarium, vor allem, wenn man einen sehr widerstandsfähigen Boden erzeugen will. Benötigt man nur kleine Mengen Ton, kann man auf Bastelton zurückgreifen, der auch in verschiedenen Farben erhältlich ist. Für die Einrichtung größerer Terrarien eignet sich der in Säcken angebotene pulverförmige Töpferton.

→ Verarbeitung

Sowohl der Lehmputz als auch der pulverförmige Ton werden mit Wasser angerührt, bis eine gut form- und streichbare Masse entsteht. Diese wird auf den Boden des Terrariums aufgebracht. Eine Schichtdicke von etwa 4–5 cm ist in den meisten Fällen ausreichend. In die noch weiche Masse können Strukturen einmodelliert werden, wie Erdverwerfungen, Erdkuhlen oder auch eine Terrassierung des Bodens mit kleineren Abbruchkanten. Selbstverständlich können schon jetzt Raum- und Gestaltungselemente in den Boden in-

tegriert werden, z. B. Steine, Äste, Baumstubben oder getrocknete Grasbüschel. Selbst kleine Höhlen, die den späteren Bewohnern des Terrariums als Versteckplatz dienen, können in die noch plastische Lehm- oder Tonmasse eingearbeitet werden. Zum Abschluss benötigt der Lehm- oder Tonboden noch etwas Zeit, um auszutrocknen und seine endgültige Festigkeit zu erreichen. Als oberste Schicht kann man dünn Sand aufbringen, der die Exkremente der Tiere bindet und damit die Reinigung des Bodens erleichtert. Mit etwas Phantasie kann man auf diese Weise einen naturnahen Ausschnitt eines Trockengebietes gestalten.

Fertigrasen in Trockenterrarien

Eine einfache Möglichkeit, eine naturnahe Bodengestaltung zu erreichen, ist der Einsatz von Fertigrasen, der auch als Rollrasen bezeichnet wird, wie es von KRABBE-PAULDURO & PAULDURO (1991) erstmalig beschrieben wurde. Bezugsquellen für Rollrasen sind Betriebe für Garten- und Landschaftsbau.

Beim Rollrasen handelt es sich um gewachsenen Rasen, der mit speziellen Maschinen in Bahnen aus dem Boden geschnitten wird. Die Dicke der anhaftenden, durch die Wurzeln der Gräser gebundenen

Erdschicht ist unterschiedlich. Sie sollte für den Einsatz im Terrarium nicht zu dünn sein, und man muss darauf achten, dass der Rollrasen nicht mit Düngemitteln und/oder Pestiziden belastet ist.

→ Verarbeitung

Der Rollrasen wird im Terrarium wie ein Teppich verlegt, indem man ihn mit einem scharfen Messer zurechtschneidet. Nahtstellen zwischen Rasenteilen können mit Sand, Erde oder Lehm ausgebessert und kaschiert werden. Der Rollrasen vertrocknet relativ schnell, wenn er nicht mehr gegossen wird. Es entsteht somit der Eindruck eines bewachsenen, ausgetrockneten Bodens, der den gepflegten Tieren aufgrund seiner festen Struktur beim Laufen ausgezeichnet Halt gibt.

Substrate für Feuchtterrarien

Drainage

Eine Drainage ist in allen Feuchtterrarien unbedingt notwendig. Durch sie wird gewährleistet, dass sich überschüssiges Wasser in den Hohlräumen des Drainagematerials sammeln und aus den darüber liegenden Erdschichten abfließen kann. Als Drainageschicht eignen sich grobe Materialien wie Blähton, grober Kies, Lavagrus, Bimskies oder auch Filtertonröhrchen, wie sie aus der Aquaristik bekannt sind. Je nach Größe des Terrariums sollte die Drainageschicht ca. 1–5 cm hoch sein. Wenn möglich, sollte in der Bodenplatte eines Feuchtterrariums auch ein Ablauf vorhanden sein. Geeignete Formstücke, Fittings und Röhren aus PVC, mit denen eine dichte Verbindung zwischen Terrarienboden und Rohrsystem hergestellt werden können, sind im Zubehörhandel erhältlich. Im besten Fall schließt man den Ablauf direkt an die Abwasserleitung an, ansonsten muss man sich mit einem Sammelbehälter behelfen.

Auf die Drainageschicht wird nun der eigentliche Bodengrund aufgebracht. Um zu verhindern, dass Erdpartikel langsam in die Drainageschicht einsickern und diese letztendlich versumpft, muss auf das grobe Material der Drainage eine Trennschicht aufgebracht werden. Es eignen sich dafür u. a. Fliegengitter aus Kunststoff, dünner Schaum-

Xaxim-Platten Foto: P. Nowak

stoff oder besondere Drainagevliese, die im Baustoffhandel erhältlich sind.

Xaximplatten

Xaximplatten eignen sich hervorragend zur Gestaltung der Bodenfläche kleinerer Feuchtterrarien (Schmidt 2000a; Schwarz & Schwarz 2001). Es gibt im Wesentlichen zwei Möglichkeiten, diese Platten als Bodengrund einzusetzen: Zum einen kann man die Platten einfach auf den Terrarienboden legen – dabei lassen sich zwischen den Platten kleine Kanäle und Aussparungen freilassen –, oder man sägt aus den Platten unregelmäßige Ausschnitte. Füllt man nun den gesamten Terrarienboden einige Zentimeter hoch mit Wasser, dann entstehen durch diese Freiflächen Miniaturteiche, die von kleinen Fröschen genutzt werden können. Da bei dieser Verwendung die Xaximplatten permanent feucht sind, können auch sehr feuchtigkeitsliebende Pflanzen, z. B. Javamoos (*Vesicularia dubyana*), im Terrarium kultiviert werden. Die Ansiedelung von Moosen kann man beschleunigen, indem man die Xaximplatten mit Moosen aus gut bewachsenen Terrarien „impft".

Eine weitere Möglichkeit, Xaximplatten als Bodengrund zu verwenden, besteht darin, die Platten nicht direkt auf den Terrarienboden aufzubringen, sondern darunter eine ca. 1–2 cm hohe Drainageschicht einzubringen. Dadurch erreicht man ein besseres Abfließen überschüssigen Wassers und eine gute Belüftung des Bodens.

Weißtorfplatten Foto: T. Wilms

Grober Rindenmulch Foto: T. Wilms

Presskorkplatten

Auch Presskorkplatten können zur Gestaltung des Bodens in Feuchtterrarien verwendet werden (SCHWARZ & SCHWARZ 2001; SCHWARZ 2002). Sie können beispielsweise entsprechend den Maßen der Terrariengrundplatte zurechtgeschnitten und mit einem oder mehreren unregelmäßigen Ausschnitten versehen werden, sodass sich nach dem Füllen der Bodenwanne mit Wasser kleine Wasserstellen bilden.

Die Oberfläche der Platten kann man mit einem scharfen Messer, einem Stechbeitel oder einer Stahlbürste naturnah modellieren. Durch eine Aufschichtung mehrerer Platten können größere Strukturen, aber auch der stufige Übergang zur Rückwand gestaltet werden.

Torfplatten

Aus Weißtorfplatten lässt sich ebenfalls ein ansprechender Bodengrund für kleinere Feuchtterrarien herstellen. Auf jeden Fall sollte man unter die untere Lage eine etwa 10 mm starke Drainageschicht einbringen (SCHWARZ & SCHWARZ 2001). Tut man das nicht, läuft man Gefahr, dass die Torfplatten zu sehr durchfeuchten, zerfallen und damit keine lange Lebensdauer haben. Durch die Schichtung mehrerer Torfplatten können Versteckplätze in Form von Ritzen und Spalten geschaffen werden. Hält man die Torfplatten ausreichend feucht, kann man sie hervorragend mit Moosen und Farnen bepflanzen. Eine Verklebung

der einzelnen Platten sollte unterbleiben. Will man einzelne Torfplatten miteinander verbinden, dann können sie mit kurzen PVC-Stangen (PVC-Schweißdraht) zusammengesteckt werden. BECKER (1980) beschreibt die Verwendung von Torfplatten als Bodengrund und zur Terrassierung von Rück- und Seitenwänden in einem Tropenterrarium. Dazu wurden unterschiedlich große Glasstreifen mehr oder weniger waagerecht auf die Wände aufgeklebt und diese Flächen mit Torfplatten beklebt.

Moos als Bodengrund in Terrarien

Moose eignen sich besonders im Feuchtterrarium gut zur Gestaltung des Terrarienbodens. Man sollte jedoch das Moos, um sich nicht massenhaft ungebetene Gäste wie Asseln und Schnecken in das Terrarium einzuschleppen, mindestens zwei Tage lang in einem Eimer wässern (SCHWARZ & SCHWARZ 2001). Lebendes Moos kann bei Gartenbaubetrieben, Gärtnereien oder auch bei Floristen bezogen werden. Im Terrarienzubehörhandel gibt es neben lebendem Moos (beispielsweise *Sphagnum*) auch verschiedene getrocknete Moosarten, die sich unter Umständen ebenfalls zur Bodengestaltung von Terrarien eignen.

Der Einsatz von Moos erfolgt entweder als Dekorationselement auf einer anderen Bodenart, wie Erde, Kokosfaser oder Rindenmulch. In Kleinterrarien kann das Moos aber auch als alleiniger Bodengrund verwendet werden. In diesem Fall ist je-

Feiner Rindenmulch aus Pinienrinde Foto: T. Wilms

doch eine darunterliegende Drainage empfehlens-wert (siehe auch im Abschnitt „Drainage").

Rindenmulch und Rindenhumus

Rindenmulch ist zerkleinerte und abgesiebte Na-delholzrinde (meist Fichte und Kiefer, aber auch Pinie), die in unterschiedlichen Körnungen er-hältlich ist (beispielsweise 1–10 mm, 10–40 mm, 10–80 mm, 20–80 mm). Das Material ist als Terra-rienboden umstritten (BIRON 1994; SEMAK 1995). Aus meiner Sicht eignet sich Rindenmulch jedoch ausgezeichnet als Bodengrund für ein Feuchtter-rarium, sofern man verschiedene Hinweise be-rücksichtigt. Grundsätzlich sollte dem feinen Ma-terial (1–10 mm) der Vorrang eingeräumt werden. Grober Rindenmulch eignet sich meines Erach-tens nur für dekorative Zwecke. Ein gelegentlich auftretendes Problem bei Rindenmulch (aber auch bei Rindenhumus) sind die übermäßige Ver-mehrung bestimmter Mikroorganismen (Pilze, Bakterien) und der gelegentlich sehr starke, stren-ge Geruch. Wer die Möglichkeit hat, kann den Rindenmulch für einige Wochen offen im Garten lagern. Dadurch stabilisiert sich die Mikroorganis-mengesellschaft im Mulch, und unerwünschte, evtl. schädliche Bakterien werden zurückge-drängt. Um ein Versumpfen des Bodengrundes zu verhindern, sollte unter der Rindenmulchschicht immer eine Drainage eingebracht werden. Durch diese Maßnahme wird überschüssiges Wasser aus dem Bodengrund abgeleitet und eine ständig feuchte, fäulnisfördernde Schicht im Boden ver-mieden. Ein Nachteil des Materials Rindenmulch darf an dieser Stelle nicht verschwiegen werden: Rindenmulch hat, solange er feucht gehalten wird, die Fähigkeit, ausgleichend auf die Feuchtigkeit im Terrarium zu wirken. Trocknet er jedoch aus, so verliert Rindenmulch seine Saugfähigkeit, und eine erneute Befeuchtung ist kaum mehr möglich. Als Folge des Austrocknens entsteht eine be-trächtliche Staubentwicklung, die sich negativ auf die Gesundheit der Tiere auswirken kann. Es be-steht dabei vor allem die Gefahr von Atemwegs-erkrankungen. Die Gefahr des Austrocknens ist jedoch in einem Feuchtterrarium, in dem im Inter-esse der Tiere täglich gesprüht werden muss, rela-tiv gering. Der Einsatz von Rindenmulch in einem halbtrockenen oder trockenen Terrarium ist dage-gen nicht anzuraten.

Neben dem Rindenmulch kann auch Rindenhu-mus als Terrarienbodengrund verwendet werden. Rindenhumus ist zerkleinerte, fraktionierte (nach Größe sortierte) und fermentierte (kompostierte) Rinde, die im Handel mit oder ohne Nährstoffzu-sätze erhältlich ist. Selbstverständlich sollte man für den Einsatz im Terrarium nur ungedüngten Rindenhumus verwenden. Im Handel sind mehre-re Rindenhumustypen (fein: 0–10 mm; mittel: 0–20 mm; grob: 0–40 mm) erhältlich. Die Vorteile des Rindenhumus sind eine gute Strukturstabilität durch Aufbau stabiler Huminstoffe, ein pH-Wert zwischen 6,5 und 7,0 (fast neutral bis neutral), eine mittlere Wasserspeicherfähigkeit und eine gute Wiederbenetzbarkeit. Auch bei der Verwendung von Rindenhumus muss auf eine ausreichende Drainage geachtet werden. Sowohl feiner Rinden-mulch als auch Rindenhumus können bei Bedarf mit Sand gemischt werden. Größere Mengen Rin-denmulch und -humus können in Gartenmärkten oder bei Landschaftsgärtnern erworben werden, während kleinere Mengen im spezialisierten Ter-raristikzubehörhandel erhältlich sind.

Terrarieneinstreu auf Holz- und Faserbasis

In den letzten Jahren werden im Handel vermehrt verschiedene Arten von Terrarieneinstreu auf der Basis von Holzschnitzeln sowie von Holz-, Kokos-

Holzschnitzel Foto: T. Wilms

Hanfstreu Foto: T. Wilms

oder Hanffasern angeboten. Einige dieser Einstreuarten eignen sich durchaus für die Einrichtung eines naturnah gestalteten Terrariums (z. B. Einstreu aus Kokoschips, Kokosfasern oder Kokosfaser-Humus). Diese Einstreuarten sind holz- oder erdfarben und zeichnen sich durch eine gute Saugfähigkeit und Wasserspeicherkapazität aus.

Einstreu auf Holz- oder Hanfbasis (z. B. Buchenspäne und Hanfeinstreu in Pellet- oder Faserform) eignet sich hingegen nicht zur Einrichtung von Biotopterrarien. Diese Substrattypen zeichnen sich durch eine gute Saugfähigkeit und eine helle Färbung aus, die das Entfernen von Kot und Urin sehr vereinfacht. Diese Einstreu ist daher gut zur Einrichtung von Quarantäneterrarien geeignet, hat aber sicherlich auch bei der dauerhaften Haltung großer Arten, beispielsweise verschiedener Riesenschlangen, teilweise seine Berechtigung. Vom physiologischen Wert dieses Bodengrundes für die Tiere bin ich persönlich jedoch nicht überzeugt, da diese Art der Bodenbedeckung sicherlich bezüglich der Unterstützung der Lebensäußerungen unserer Pfleglinge enorme Defizite aufweist. Im Gegensatz zu anderen Bodenarten können die Tiere beispielsweise in Holz- oder Hanfeinstreu keine stabilen Höhlen graben, die natürliche Abnutzung der Krallen ist nicht gewährleistet und das Substrat ist nicht trittfest, sodass durch das weiche, wegrutschende Substrat das Laufen erschwert wird. KÖHLER (2002) verweist darauf, dass Holzspäne, die bei der Nahrungsaufnahme oder beim Prüfen der Umgebung mit der Zunge aufgenommen werden, zu lebensbedrohlichen Darmverstopfungen führen können. Trotzdem empfehlen verschiedene Autoren Holzeinstreu auch zur dauerhaften Haltung (beispielsweise GAßNER 2000; RÖHE 2000). Ich selbst befürworte jedoch die Verwendung dieses Bodengrundes nur in gut begründeten Ausnahmefällen und lehne eine dauerhafte Haltung darauf ab, eventuell mit der Ausnahme von verschiedenen Riesenschlangen und einigen Natternarten.

Blumenerde

Blumenerde ist ein gebrauchsfertiges Gemisch aus Weißtorf, Rindenhumus, Grüngutkompost, Sand und Ton. Es gibt von verschiedenen Herstellern auch Blumenerde, die ohne Torfzusatz hergestellt werden. Blumenerde ist strukturstabil, hat eine gute pH-Pufferung (pH-Wert meist 6,0–6,5), eine hohe Wasserspeicherung und günstige Wasserverfügbarkeit. Für den Einsatz im Terrarium sollte man sicherheitshalber auf ungedüngte Blumenerde zurückgreifen, wobei ich bislang aber noch keinen negativen Einfluss von gedüngter Blumenerde auf die Gesundheit von Reptilien beobachten konnte. Bei der Haltung von Amphibien sollte man jedoch in dieser Beziehung etwas vorsichtiger sein und wirklich nur ungedüngte Blumenerde verwenden, um jedes Gefährdungspotenzial auszuschließen.

Kokosfasern in Ziegelform   Foto: T. Wilms

Blumenerde (Sackware)   Foto: T. Wilms

Ein fast idealer Bodengrund für halbfeuchte oder feuchte Terrarien ist ein Gemisch aus gleichen Anteilen Blumenerde und Sand. Man kann sowohl die im Gartenhandel erhältliche Sackware als auch die zu Ziegeln gepresste Erde verwenden.

Selbstverständlich ist es auch möglich, andere Erden, beispielsweise Laub- oder Nadelwalderde, evtl. auch unter Verwendung von Sand als Zuschlagsstoff, als Terrariengrund zu verwenden. Will man das Einschleppen ungebetener Gäste durch Naturerden verhindern, dann sollte man die Erde durch Dämpfen sterilisieren. Dazu kann man die feuchte Erde in einem alten Topf (mit Deckel) für etwa 20–30 min im Backofen auf ca. 200 °C erhitzen. In vielen Fällen ist die Abtötung der Kleinlebewesen in der Walderde aber nicht nötig, da diese den Speisezettel vieler im Terrarium gepflegter Tiere erweitern können. Aus meiner Sicht kann das Sterilisieren der Erde auch negative Folgen haben, da dadurch die normale (gesunde) Bakterienflora im Boden zerstört wird und sich u. U. einzelne, evtl. pathogene Mikoorganismen übermäßig vermehren können.

Bodengestaltung für Erdhöhlen bewohnende Tiere

Eine sehr ansprechende und praktikable Lösung für die Einrichtung eines Terrariums für Erdgänge bewohnende Arten wurde von Krabbe-Paulduro & Paulduro entwickelt und im Jahre 1991 publiziert. Die Autoren beschreiben den Bau einer Anlage für Riesengürtelschweife, in der ein künstliches Höhlensystem installiert und mit Rollrasen abgedeckt wurde. Beim Erwerb des Rollrasen sollte auf jeden Fall darauf geachtet werden, dass er nicht mit Pestiziden und Düngemitteln belastet ist.

➔ Verarbeitung

Grundgerüst dieses Gangsystems ist eine 100 mm dicke Styroporschicht, in die mehrere Gänge und Höhlen eingearbeitet sind. Zunächst werden die Umrisse dieser Höhlen und Gänge auf das Styropor aufgezeichnet und mit einem scharfen Messer ausgeschnitten. Die Eingänge zu den Höhlen werden schräg ausgearbeitet. Außer den Gängen und Höhlen können auch Pflanzgefäße aus der Styroporplatte herausgearbeitet werden.

Die gesamte Styroporkonstruktion wird anschließend mit einer Gipsbeschichtung (Schichtdicke 5–10 mm) überzogen, wobei dem Gips zur Erhöhung der Festigkeit wasserfester Holzleim zugesetzt wird (20–50 ml pro 500 ml Anmachwasser). Die durchgetrocknete Gipsschicht wird nun mit mehreren Schichten eines Holzleim-Sand-Gemisches versehen (näheres siehe Abschnitt „Kunstfelsen"). Das Holzleim-Sand-Gemisch sollte entsprechend mit Dispersion- oder Oxidfarben eingefärbt werden, um den sichtbaren Eingangsbereichen das Aussehen von in natürlichem Bodengrund gegrabenen Öffnungen zu geben. Durch die Beschichtung mit einem Leim-Sand-Gemisch wird

Styroporaufbau partiell mit Gips kaschiert

Abdeckung einer Wohnhöhle mit Maschendrahtgeflecht

Riesengürtelschweif (*Cordylus giganteus*) in seiner Wohnhöhle

Cordylus giganteus im Eingang zu seiner Wohnhöhle im Fertigrasen-Terrarium Fotos: U. Krabbe-Paulduro & E. Paulduro

eine gewisse feuchtigkeitsbeständige Versiegelung des Gipses und ein mechanischer Schutz erreicht. Selbstverständlich kann anstelle des Leim-Sand-Gemisches auch eine Beschichtung mit einer Epoxidharz-Sand-Schicht erfolgen (siehe ebenfalls Abschnitt „Kunstfelsen").

Die vorgefertigte Bodenkonstruktion wird mit einem verzinkten Drahtgitter (Maschenweite etwa 1 cm) abgedeckt, das an einigen Stellen mit Krampen oder kleinen Schrauben befestigt wird. Das Gitter hat die Aufgabe, die obere Bodenschicht zu stützen und somit die Decke der Höhlen zu bilden. Als eigentlicher Bodengrund wird Rollrasen in die gesamte Anlage eingebracht. An den Höhlenöffnungen wird das Gitter aufgeschnitten, und die Kanten werden nach oben umgebogen. Zum Verlegen des Rollrasens benötigt man ein scharfes Messer, mit dem der Rasen auf Maß zurechtgeschnitten wird. Will man ihn möglichst lange grün erhalten, so sollte man zwischen Rasen und Gitter eine etwa 10 mm dicke Schaumstoffmatte einbringen. Diese Matte dient als Wasserspeicher für den Rasen. Der Rasen muss nun noch fest angedrückt werden, um zwischen ihm und der Bodenkonstruktion Hohlräume zu vermeiden. Nicht passgenau geschnittene Nahtstellen im Rasen können mit Erde oder Sand geschlossen werden. Die Höhlen werden mit Sand gefüllt.

Die hier vorgestellte Konstruktion eignet sich auch für grabende Tiere aus Steppen- oder Halbwüstengebieten. In diesem Fall kann man den Rollrasen einfach vertrocknen lassen und erhält einen naturnahen „gewachsenen" Boden.

Substrate für Aquarien und Wasserteile von Aquaterrarien

Bodengrund für das Schildkröten- oder Panzerechsenaquarium

In Aquarien oder im Wasserteil von Aquaterrarien, die der Haltung von Wasserschildkröten oder Panzerechsen dienen, ist es nicht ratsam, einen Bodengrund einzubringen. Sand oder Kies erschweren die Reinigungsarbeiten beträchtlich, da der anfallende Mulm nur schwer ausgewaschen werden kann. Ist aus ästhetischen Gründen ein Bodengrund erwünscht, dann sollte man Kies mit einer Körnung von 2–5 mm verwenden (Aquarienkies). Bei diesem Material ist eine Reinigung mit Hilfe einer Mulmglocke noch möglich. Eine Ausnahme von dieser Regel bilden Arten, für deren Wohlbefinden ein feiner Bodengrund notwendig ist (beispielsweise verschiedene Weichschildkröten). Hier sollte ein sandiger Bodengrund (rundkörniger Quarzsand) verwendet werden, in den sich die Tiere eingraben können.

Eine weitere Möglichkeit, eine griffige und gleichzeitig gut zu säubernde Bodenoberfläche zu erzeugen, ist die Beschichtung des Aquarienbodens mit einem geeigneten Material. Geeignet sind z. B. Styropor, Styrodur, Polyurethan-Schaum und Beton. Mit diesen Materialien kann die Oberfläche des Aquarienbodens strukturiert und anschließend mit Epoxidharz und einer mit dem Harz verklebten Sandschicht versiegelt werden. Die Oberfläche ist hart, lässt sich leicht säubern, bietet aber trotzdem den Tieren einen griffigen Untergrund und dem Betrachter einen annähernd natürlichen Anblick. Entscheidet man sich für eine Bodengestaltung mittels Styropor oder Styrodur, sollte man die Platte zunächst entsprechend den Maßen der Bodenplatte des Aquariums zurechtschneiden. Eine anschließende, möglichst vollflächige Verklebung der Styropor- oder Styrodurplatte mit dem Aquarienboden ist aufgrund des hohen Auftriebs dieses Materials unbedingt erforderlich. Als Kleber eignet sich hervorragend Aquarien-Silikon. Mit Hilfe eines Heißluftföns (dabei entstehen gesundheitsschädliche Gase, s. o.) kann die Oberfläche der Platte strukturiert werden, meist ist dann eine Nachbearbeitung mit einem Messer oder mit Schmirgelpapier (nur bei Styrodur) nötig. Die fertig modellierte Bodenplatte kann anschließend mit Epoxidharz und Sand versiegelt werden. Es eignet sich jedoch auch eine ausreichend dicke Betonschicht (5–10 mm, vgl. Kap. Zement). Bei der Verwendung von Beton kann jedoch auf die Unterlage aus Styropor/Styrodur verzichtet werden. In diesem Fall füllt man dickflüssig bis pastös eingestellten Beton in das Aquarium ein, bis die Bodenfläche etwa 2 cm hoch bedeckt ist. Die Oberfläche kann entsprechend modelliert und evtl. mit einigen Steinen strukturiert werden. Der Beton kann beispielsweise mit Oxid- oder Dispersionsfarben eingefärbt werden, sodass eine möglichst natürliche Bodenfarbe entsteht. Selbstverständlich muss eine so gestaltete Bodenplatte nach dem Abbinden ausgiebig gewässert werden, bevor die Tiere eingesetzt werden können.

Eine sehr einfache Methode für eine griffige, optisch ansprechende Bodengestaltung für das Schildkrötenaquarium bietet HILGENHOF (1996). Die Bodenscheibe des Aquariums wird mit ockerfarbenem Silikon bespachtelt, auf das anschließend eine Schicht eines Sand-Kies-Gemisches aufgestreut und festgedrückt wird. Nach dem Aushärten des Silikons werden überschüssiger Sand und Kies abgesaugt.

Bodengrund für Amphibienaquarien und den Aquarienteil eines Paludariums

Die Auswahl des Bodengrundes für den Wasserteil eines Paludariums erfolgt grundsätzlich nach denselben Vorgaben wie bei einem Aquarium. Als Standardbodengrund eignen sich grobkörniger Flusssand mit einer Korngröße von ca. 0,8–2 mm (SCHAEFER 1997a) oder Aquarienkies (Körnung ca. 2–5 mm). Weitere geeignete Bodengrundarten sind Quarzsand, Lavagrus, Basaltsplitt und Fluss-

„Sterilterrarium" zur Unterbringung bodenlebender Arten
Foto: T. Wilms

„Sterilterrarium" für Baumbewohner Foto: T. Wilms

kies. Wichtig ist es, die Korngröße des Bodengrundes so zu wählen, dass einerseits eine ausreichende Durchströmung des Bodens gewährleistet ist, andererseits aber die Zwischenräume zwischen den einzelnen Körnern nicht so groß sind, dass der entstehende Mulm bis tief in den Bodengrund einsickern könnte. Sand mit einer Korngröße kleiner als ca. 0,8 mm ist abzulehnen, da ein solcher Bodengrund mit der Zeit Fäulnisherde bildet, weil der Wasseraustausch in den kleinen Zwischenräumen zu gering ist (PFLUME 1997).

Grundsätzlich müssen bei einem mit Fischen besetzten Wasserteil eines Paludariums natürlich auch die Ansprüche der gepflegten Fische berücksichtigt werden. So darf man z. B. in einem Paludariumbecken mit Fischen aus Weichwasserflüssen keinen kalkhaltigen Bodengrund einbringen (z. B. Marmorkies, Seesand, Dolomitbruch), da es durch diesen zu einer permanenten Aufhärtung des Wassers käme. Bei der Haltung von Fischen aus tropischen Schwarzwasserhabitaten, die sich durch einen niedrigen pH-Wert, einen hohen Gerbstoffanteil und eine braune Färbung auszeichnen, können Torf und zuvor getrocknetes Laub (z. B. Buchen- und Eichenlaub) als Bodengrund eingebracht werden (DONOSO-BÜCHNER 1997; KOKOSCHA 1997; SCHAEFER 1997b). Es eignet sich jedoch nicht jeder Torf gleichermaßen. Sehr fein strukturiertes Material ist meist nicht als Bodengrund zu empfehlen, da es zu stark zerfällt. Ebenfalls ungeeignet sind kleine Kügelchen aus gepresstem Torf und gepres-

ster Gartenteich-Torf. Geeignet ist indes unbehandelter Fasertorf (DONOSO-BÜCHNER 1997).

KUNZ (2003) empfiehlt, bei der Haltung von Krallenfröschen, Zwergkrallenfröschen und Wabenkröten auf einen Bodengrund zu verzichten und den Tieren ausreichend Versteckplätze in Form von Wurzeln, Pflanzen, Steinen und Tonscherben zur Verfügung zu stellen. Darüber hinaus eignen sich für die Haltung aquatischer Amphibien weicher Sand, rundkörniger Kies, Eichenlaub und Kokosfasern (WISTUBA 2000; KUNZ 2003).

Substrate für Quarantäne- und „Sterilterrarien"

Quarantäne- und „Sterilterrarien" werden eingesetzt, um eine möglichst hygienische Haltung neu erworbener oder kranker Tiere zu gewährleisten. Die oberste Anforderung ist daher das einfache und schnelle Austauschen und/oder Reinigen des Bodengrundes, aber auch aller übrigen Einrichtungsgegenstände. Als Substrat für eine solche, i. d. R. nur vorübergehende Haltung eignen sich Zeitungspapier, Küchenpapier und Küchenvlies, eine dünne Sandschicht, Einstreu auf Holz- oder Hanfbasis (Buchenspäne und Hanfeinstreu in Pelletform) sowie Kunstrasen- und auch dünne Schaumstoffmatten (SCHMIDT 1970). Die Kunstrasen- und Schaumstoffmatten können regelmäßig mit heißem Wasser gesäubert werden, während die übrigen Substratarten bei Verschmutzung ausgetauscht und entsorgt werden müssen. Besonders bei der Auswahl von Kunstrasenmatten sollte man darauf achten, dass kein Kunstrasen verwendet wird, der über eine Schlingenstruktur verfügt. Ist kein anderes Material zu bekommen, dann sollte man den Rasen mit der Unterseite nach oben in das Quarantäneterrarium einlegen. Durch diese Maßnahme wird verhindert, dass Tiere mit ihren Krallen in den Schlingen des Kunstrasens hängen bleiben und sich verletzen. Kunstrasen eignet sich auch, um bei der Quarantäne von Wasserschildkröten oder anderer wasserlebender Arten den Boden des Wasserbehälters griffiger zu gestalten, oder um die Begehbarkeit der Ausstiegsrampe aus dem Wasser für die Tiere zu erhöhen.

„Sterilterrarium" zur Haltung von Wasserschildkröten oder kleinen Panzerechsen Foto: T. Wilms

3.4 Rückwand/Seitenwand

Presskorkplatten

Presskorkplatten stellen eine einfache und bei entsprechender Bearbeitung auch eine optisch ansprechende Möglichkeit für die Gestaltung von Terrarienwänden dar. Die Platten können im Zoofachhandel, aber auch in spezialisierten Bio-Baumärkten und im Dachdeckerbedarf erworben werden. Die Platten mit einer Fläche von einem halben Quadratmeter sind in unterschiedlichen Stärken (1, 2, 5 cm u. a.) erhältlich. Hergestellt wird Presskork aus Naturkorkstückchen, die unter sehr hohem Druck und ohne chemische Verbindungsmittel zu Platten und Blöcken gepresst werden (FEHRINGER 1995). Die Verwendung von Presskorkplatten ist aus der Terraristik heute nicht mehr wegzudenken (BLAUSCHECK 1988; GRUNWALD & KEMP 1995d; FALK 1998b).

→ Verarbeitung
Dünne Presskorkplatten können mit einem scharfen Teppichmesser geschnitten werden, bei dickeren Platten sollte man eine Säge, etwa einen Fuchsschwanz, verwenden. Die Platten können mit Aquariensilikon direkt auf die Seiten- und Rückwände des Terrariums geklebt werden. Um eine ansprechende Oberflächenstruktur zu erhalten, kann man die Oberfläche der Presskorkplat-

ten mit einem scharfen Messer, einem Stechbeitel oder einer Stahlbürste modellieren. Je nachdem, ob nur eine aufgeraute oder eine mit Strukturelementen versehene Oberfläche gewünscht wird, muss unterschiedlich vorgegangen werden.

Am einfachsten ist die Gestaltung einer Terrarienrückwand aus einer etwa 5 cm dicken Presskorkplatte. Zunächst zeichnet man die gewünschte Oberflächenstruktur auf und arbeitet die groben Strukturen mit Hilfe eines scharfen Messers heraus. Hierfür kann man auch einen Drahtbürstenaufsatz für die Bohrmaschine verwenden. Feinarbeiten können anschließend mit einem Schleifpapier durchgeführt werden. Man erhält so eine Rückwand, die sowohl den Tieren als auch den Pflanzen im Terrarium als Kletterunterlage dienen kann. Will man die Rückwand mit größeren Strukturelementen versehen, wie beispielsweise Liegeflächen, Terrassen, Ästen oder Pflanzschalen, so lassen sich Presskorkplatten entsprechend den eigenen Vorstellungen mit Aquariensilikon verkleben und anschließend mit den bereits erwähnten Werkzeugen bearbeiten.

Eine besonders ansprechende Möglichkeit der Wandgestaltung mit Presskorkplatten besteht in der Herstellung künstlicher Bäume, die sich von der Rückwand etwas abheben. Zur Herstellung

Rückwand aus Presskork mit integrierter Pflanzwanne, die aus mit Silikon aufgeklebten Presskorkstücken geformt wurde
Foto: T. Wilms

solcher Bäume werden mehrerer dicke Presskork-platten aufeinandergeklebt. Anschließend zeich-net man die gewünschten Umrisse des Baumes auf und sägt das ganze mit einer Elektrostichsäge aus. Meist wird ein solcher Baum im Querschnitt halbkreisförmig sein, sodass man ihn mit einer Seite an der Rückwand des Terrariums befestigen kann. Die runde Seite des Baumes wird mit Hilfe von Sägen und Messern modelliert. Darin können Höhlungen vorgesehen werden, die den Tieren als Versteckplätze dienen oder in die Pflanzen einge-topft werden können. Den gestalterischen Mög-lichkeiten beim Einsatz von Presskorkplatten sind nur durch die Fantasie und das handwerkliche Ge-schick des Tierhalters Grenzen gesetzt.

Presskorkplatten sind, bei fachgerechtem Einsatz, sehr langlebig und eignen sich sowohl für den Einsatz in Klein- als auch in Großterrarien. Diese Art der Rückwandgestaltung ist zum einen ein-fach durchzuführen, zum anderen ist das Material nicht teuer und bietet sowohl den im Terrarium gepflegten Tieren als auch den Pflanzen einen na-turähnlichen Untergrund. Gerade für die Bepflan-zung eines Terrariums bietet Presskork einige Vor-züge. Durch die vielen kleinen Ritzen und Spalten im Material bieten sich für die Pflanzen Möglich-keiten, sich festzuheften (*Scindapsus*, *Syngonium*, *Ficus pumila* etc.). Wenn man den Kork in Regen-waldterrarien sehr feucht hält, ist er auch ein her-vorragender Untergrund für Javamoos. Mit Hilfe dieses Mooses und einiger Korkstücke lassen sich beispielsweise am Übergang zwischen Wasser- und Landteil grüne Uferbereiche gestalten. Auch Bromelien können sich am Kork halten. Dazu schneidet man ein Loch in den Kork und pflanzt die Bromelien hinein. Bereits nach kurzer Zeit wurzeln die Pflanzen fest (FEHRINGER 1995).

Kokosfasermatten

Kokosfasermatten bestehen aus Kokosfasern, die – je nach Hersteller – mit Naturlatex oder mit Silikon verbunden sind. Diese Matten eignen sich zur Gestaltung von Seiten- und/oder Rückwänden eines Terrariums. Mittlerweile sind im Zoofachhandel auch Kokosfasermatten mit integrierten Pflanzgefäßen erhältlich, in die Kletterpflanzen, aber auch Aufsitzerpflanzen gesetzt werden können. Aufgrund ihrer fasrigen Oberflächenstruktur bieten sie Kletterpflanzen einen ausgezeichneten Halt, sodass mit diesen Matten natürlich wirkende, dicht bepflanzte Terrarienwände gestaltet werden können. Voraussetzung für einen üppigen Pflanzenbewuchs auf Kokosfasermatten sind jedoch eine hohe Luftfeuchtigkeit und regelmäßiges Besprühen der Terrarieneinrichtung. Kokosfasermatten eignen sich daher in erster Linie für die Gestaltung halbfeuchter und feuchter Terrarien. In Trockenterrarien wirken mit Kokosfasermatten gestaltete Rück- und Seitenwände eher unnatürlich.

→ **Verarbeitung**
Kokosfasermatten lassen sich problemlos mit einer scharfen Schere oder mit einem Teppichmesser auf die gewünschte Größe zuschneiden. Zur Befestigung der Matten kann handelsübliches Aquariensilikon verwendet werden, mit dem die Matten direkt auf die Seiten- und Rückwände des Terrariums geklebt werden.

Baumfarnplatten

Baumfarnplatten, im Handel unter der Bezeichnung Xaxim- oder Mexifarn-Platten erhältlich, eignen sich hervorragend für die Gestaltung von Feuchtterrarien (GRUNWALD & KEMP 1995d;

Matte aus Kokosfasern und Naturlatex   Foto: T. Wilms

SCHMIDT 2000a, b; DOUSSIER 2001). Die Platten werden aus den Stämmen verschiedener Baumfarne gewonnen, die jedoch alle unter die Bestimmungen des Anhangs II des Washingtoner Artenschutzabkommens fallen und deren Im- und Export daher bestimmten Reglementierungen unterliegen.

Besonders bei der Haltung tropischer Froschlurche haben sich Baumfarnplatten etabliert. Ein besonderer Vorteil dieses Materials ist, dass unter dem Einfluss des feuchtwarmen Terrarienklimas verschiedene Farne und Moose zu wachsen beginnen, deren Sporen in den Baumfarnplatten enthalten sind. Voraussetzung für ein gutes Wachstum sind jedoch eine ausreichende Feuchtigkeit und eine angepasste Beleuchtung. Sind die Umweltparameter günstig, kann man nach einigen Monaten stark bemooste Baumfarnplatten erhalten, auf denen nach und nach kleine tropische Farne wachsen. Das Material ist sehr haltbar und verrottet im Vergleich zu anderen natürlichen Materialien im Terrarium nur langsam. Ein Wermutstropfen ist der leider recht hohe Preis dieses Werkstoffes.

→ **Verarbeitung**
Mit Xaxim-Platten können stark strukturierte Rück- und Seitenwände für ein Tropenterrarium hergestellt werden. Die Platten lassen sich einfach mit einer möglichst feinen Säge zurechtschneiden. Um die Platten an den Seiten- und Rückwänden

Terrarienrückwand aus Xaxim-Platten Foto: T. Wilms

Ausschnitt aus einem Terrarium mit einer Torfziegel-Rückwand Foto: T. Wilms

des Terrariums oder auch untereinander zu befestigen, eignet sich handelsübliches Aquariensilikon. Es können so Rückwände mit Höhlungen, Terrassen und integrierten Pflanzschalen hergestellt werden, die – entsprechendes Klima vorrausgesetzt – in kurzer Zeit einen dichten Pflanzenwuchs aufweisen.

Torfziegel

Die meisten im Handel erhältlichen Torfziegel und Torfplatten bestehen aus Schwarztorf und eignen sich zum Aufbau von Rück- und Seitenwänden in tropischen Feuchtterrarien. Die Haltbarkeit der Torfziegel ist abhängig von der Beanspruchung durch die Tiere, aber auch vom Durchfeuchtungsgrad der Wand. Durchschnittlich muss eine aus Torfziegel aufgebaute Wand etwa alle 3–4 Jahre erneuert werden (D. VOGEL pers. Mittlg.). Nach dieser Zeit beginnen die Ziegel zu zerfallen. Dieser Vorgang wird durch agile Terrarienbewoh-

ner beschleunigt, die die Wand oft zum Klettern oder auch als Versteckplatz nutzen.

→ Verarbeitung

Zum Aufbau einer Terrarienwand aus Torfziegeln wird zunächst eine Hilfskonstruktion benötigt, z. B. ein Gitter mit einer Maschenweite von etwa 4 cm. Dieses Gitter wird an der Rück- und/oder Seitenwand des Terrariums so befestigt, dass sich zwischen Wand und Gitter einige Millimeter Abstand befinden.

Die Torfziegel werden nun vom Boden beginnend aufgebaut, und jeder Ziegel wird mit nicht rostendem Bindedraht oder mit schwarzen Kunststoffkabelbindern am Gitter befestigt. Die Torfziegel der obersten Reihe werden auf Maß geschnitten und zwischen die Terrariendecke und die vorletzte Ziegelreihe gepresst. Löcher in der Wand können mit Fasertorf zugestopft werden. Man muss darauf achten, dass man nur feuchte Torfziegel verarbeitet, da sonst die trocken aufge-

Terrarienrückwand aus Schwartenbrettern Foto: T. Wilms

Terrarium mit einer Rückwand aus Rindenstücken
Foto: T. Wilms

baute Rückwand beim Befeuchten enorm quillt und durch die Dehnungskräfte Schäden am Terrarium entstehen können.

Für eine möglichst lange Lebensdauer einer solchen Torfwand ist es besonders wichtig, dass die Torfziegel nicht unbegrenzt Feuchtigkeit aus dem Bodengrund ziehen können. Es sollte daher für eine Drainage unter der untersten Torfziegelreihe gesorgt werden. Geeignete Materialien für diese Drainageschicht sind z. B. Kies oder Lavagrus.

Eine weitere Methode zum Aufbau einer Rückwand aus Torfziegeln beschreibt POLDER (1992). Er verwendet eine hängende Rückwandkonstruktion in einem feuchtwarmen Terrarium. Die Torfziegel werden mit zwei Bohrlöchern je Ziegel versehen, durch die ein starker, nicht rostender Draht oder ein dünnes Kunststoffseil durchgeführt wird. Es entsteht eine Kette aus aufgereihten Torfziegeln, die oben am Terrarium befestigt werden kann und vor der Rückwand hängt. Mit mehreren solcher „Torfziegelketten" kann die gesamte Rückwand gestaltet werden.

Naturrinde („Schwartenbretter")

Unter Schwartenbrettern versteht man die Anschnitte von Baumstämmen, die auf einer Seite noch die natürliche Rinde tragen. Neben der rindentragenden Seite verfügen diese Bretter über eine gerade, gesägte Seite, mit der sie an der Rück- oder Seitenwand des Terrariums befestigt werden können. Aus meiner Sicht eignen sich Schwartenbretter am besten für die Dekoration von mittelgroßen und Großterrarien (vgl. BUCHERT & HECKEL 2003). Besonders bei der Haltung großwüchsiger Arten ergibt der Einsatz dieser robusten Dekorationselemente Sinn.

→ Verarbeitung

Schwartenbretter erhält man direkt bei einem Sägewerk. Die Bretter werden auf das benötigte Maß zurechtgesägt und mit durchgehenden Schrauben (am besten aus Edelstahl) mit der Terrarienwand verschraubt. Voraussetzung für den Einsatz von

Terrarium mit einer Rückwand aus Zierkorkplatten Foto: T. Wilms

Schwartenbrettern als Gestaltungselementen in einem Terrarium sind also tragfähige Terrarienwände aus Holz, Gasbeton, Ziegel oder Eternit. Die Bretter werden bündig an der Wand befestigt, sodass ein palisadenartiger Eindruck entsteht.

Zierkorkplatten

Neben den bekannten Zierkorkröhren und Zierkorkstücken gibt es im Handel auch so genannte Zierkorkplatten (Naturkorkplatten). Es handelt sich dabei um Korkrinde, die plan gepresst wurde und auf einer ca. 5 mm starken Platte aus Presskork aufgebracht ist. Es entstehen dadurch Platten, die in unterschiedlichen Maßen im Handel erhältlich sind (60 x 30 cm oder 60 x 90 cm). Im Gegensatz zu Zierkorkstücken oder Zierkorkröhren

eignen sich diese Platten sehr gut zur Gestaltung einer Terrarienrückwand (DOUSSIER 2001). Vom Aufbau einer Rückwand mit Zierkorkstückchen möchte ich abraten (vgl. GRUNWALD & KEMP 1995; DOUSSIER 2001). Es ist durch die gewölbte Form dieser Stücke kaum möglich, eine gefällige, homogene Wand aufzubauen. Darüber hinaus entsteht eine Vielzahl von Ritzen und Spalten, die sowohl den Terrarien- als auch den Futtertieren eine übermäßige Zahl von Versteckplätzen bieten.

→ **Verarbeitung**

Zierkorkplatten können problemlos mit einer Säge auf das benötigte Maß zurechtgeschnitten werden. Zur Befestigung der Platten an den Seiten- und/oder Rückwänden des Terrariums kann Silikon verwendet werden.

Rückwand aus Natursteinplatten Foto: T. Wilms

Rückwand aus Kalktuff, der sich mit einer Säge gut schneiden lässt. Foto: T. Wilms

Naturstein

Für die Gestaltung von Terrarienwänden eignet sich Naturstein nur sehr bedingt. Der größte Hinderungsgrund für den Einsatz dieses Materials ist das Gewicht, sodass der Einsatz von Natursteinen in größerem Umfang nur in entsprechend stabilen Terrarien und bei entsprechender statischer Tragfähigkeit des Standortes erfolgen kann.

Bei der Verwendung von Natursteinen für die Terrariengestaltung muss, mehr als bei anderen Werkstoffen, darauf geachtet werden, dass die Steine gut gegen ein Verrutschen gesichert sind. Beim Aufbau einer Felswand aus Natursteinen sollte man daher die einzelnen Steine mit Zementmörtel sicher miteinander verbinden und die aufgemauerte Felswand als Sicherung gegen ein Umkippen fest mit der Rückwand verbinden. Ein weiterer Nachteil ist, dass im Terrarium häufig nicht der gewünschte natürliche Eindruck eines Lebensraumausschnitts erzielt wird, da oft keine passend geformten Steine verfügbar sind.

Grundsätzlich eignen sich für die Gestaltung einer Terrarienwand in erster Linie Felsplatten aus Kalkstein, Sandstein oder Schiefer. Sehr stark strukturierte Rückwände erhält man durch die Verwendung von Tuffstein. Um einen möglichst natürlichen Eindruck zu erzielen, sollte man in einem Terrarium immer nur eine Steinart verwenden.

→ Verarbeitung

Eine sehr schöne Möglichkeit der Rückwandgestaltung für ein Terrarium mit Winkeleisenrahmen beschreibt NIETZKE (1977). Auf eine mit einem umlaufenden Rahmen versehene Trägerplatte (z. B. Tischlerplatte, Siebdruckplatte, asbestfreies Eternit etc.) kann unter Verwendung von Kalksteinplatten eine Rückwand aufgebaut werden. Dazu wird zunächst auf die waagerecht liegende Trägerplatte etwa 1 cm dick eine Zement-Sand-Mischung (Verhältnis 1:3) aufgebracht. Die Kalksteinplatten werden nun angefeuchtet und, von unten beginnend, in das Mörtelbett eingedrückt. Um ein möglichst natürliches Aussehen zu erreichen, sollte man die Anordnung der Steinplatten vorab festlegen und stets mit den größten Platten beginnen.

Eine weitere, sehr einfache Gestaltung einer Rückwand besteht in der senkrechten Montage

Porphyrplatte Foto: T. Wilms

Gelber Sandstein Foto: T. Wilms

Roter Sandstein Foto: T. Wilms

Schieferplatte Foto: T. Wilms

großer, unregelmäßig geformter Schiefer- oder Kalksteinplatten. Die Platten sollten so angeordnet werden, dass sie etwa die Hälfte bis zwei Drittel der Rückwand des Terrariums bedecken. Die noch frei bleibenden Bereiche der Terrarienwand können dann als Abbruchkante gestaltet werden. Als Basisplatte für eine solche Rückwand eignet sich eine Holzplatte (Tischlerplatte, Siebdruckplatte o. Ä.). Die Abbruchkante kann mit einer der im folgenden Abschnitt (Kunstfelsen) beschriebenen Methoden modelliert werden.

Selbstverständlich kann auch die gesamte Rückwand mit dünnen Steinplatten gestaltet werden, die mit Aquariensilikon auf die Rückwand aufgeklebt werden. Nachteil dieser Methode der Rückwandgestaltung ist vor allem die geringe Tiefe einer solchen Wand, was ihren Wert als Klettermöglichkeit für die Tiere drastisch limitiert. Die bei der Erstellung einer solchen Wand entstehenden Fugen können mit Silikon ausgefüllt und mit Bruchstein, möglichst der gleichen Steinsorte wie die umgebende Rückwand, kaschiert werden.

Ein weiteres geeignetes Material ist Tuffstein. Der Aufbau einer Rückwand aus Tuffstein setzt voraus, dass die Steine an einer Seite gesägt werden, um eine glatte Oberfläche für die Montage zu erhalten. Tuffsteine lassen sich mit einer Metallsäge zurechtsägen. Befestigt werden sie entweder mit Zementmörtel auf einer entsprechenden Unterlage oder mit Silikon auf Glas.

Einzelne „Steine" lassen sich herausnehmen. Dahinter befinden sich Hohlräume als Versteckplätze.   Foto: T. Wilms

Ausschnitt aus einem Felsterrarium für *Varanus glauerti* (Zoo Frankfurt). Die Felswand besteht aus Ytong-Steinen, auf die mit Harz eine Sandschicht aufgebracht wurde.   Foto: T. Wilms

Die Hohlräume in der Kunstfelswand sind mit einem Rohrsystem verbunden.   Foto: T. Wilms

Kunstfelsen

Über die Herstellung von Kunstfelsen als Terrariendekoration sind bereits einige Aufsätze veröffentlicht worden (ABRAHAM 1983; KOFAHL 1986; PAULDURO 1991; WOLFF 1993; FALK 1998 a; ZWARTEPOORTE & VRIENS 2000; ACKERMANN 2002). Der hauptsächliche Vorteil von Kunstfelsen gegenüber Naturstein als Gestaltungselement im Terrarium ist die beträchtliche Gewichtseinsparung und die hohe Flexibilität bei der Ausgestaltung der Dekoration, da man nicht an die vorgegebene Formen natürlicher Felsbrocken gebunden ist.

Im folgenden Kapitel werden verschiedene Techniken vorgestellt, mit denen man, etwas handwerkliches Geschick vorausgesetzt, naturgetreue Steinnachbildungen für den Einsatz im Terrarium herstellen kann. Für alle Techniken wird ein geeignetes Basismaterial benötigt, das mit unterschiedlichen Stoffen beschichtet werden kann. Grundsätzlich lassen sich zwei verschiedene Arten des Aufbaus eines Kunstfelsens unterscheiden.

Zum einen ist der Aufbau des Kunstfelsens aus Styropor, Styrodur, Polyurethan-Hartschaum oder Gasbetonsteinen weit verbreitet. Nach WOLFF (1993) eignet sich auch Schaumglas als Trägermaterial. All diese Materialien können mit geeigneten Werkzeugen (Säge, Messer, Feilen, Stechbeitel, Meißel, Schleifpapier) leicht bearbeitet und modelliert werden. Bei der Verwendung von Styropor und Styrodur als Trägermaterial für den zu-

Reich strukturierte Terrarienrückwand auf der Basis von Styropor (Materialien: Styropor, Styroporkleber, eingefärbter Haftputz mit Sand) Foto: M. Schröder

künftigen Kunstfelsen können für die Bearbeitung zusätzlich Heißluftföns und Gaslötstifte verwendet werden (vgl. Kap. 3.2). Mit dem Heißluftfön können die Oberfläche des Kunststoffs verfestigt und grobe Strukturen herausgearbeitet werden. Mit dem Gaslötstift lassen sich indes Feinarbeiten bei der eigentlichen Modellierung des „Felskörpers" durchführen. Bei der Verwendung der oben genannten Materialien erhält man Kunstfelsen, die durch und durch aus dem verwendeten Trägermaterial bestehen.

Im Gegensatz dazu entsteht bei der zweiten Art des Aufbaus eines Kunstfelsens ein hohler „Felsblock". Als Trägermaterial für diese Technik wird entweder ein Gerüst aus Metallstangen in Verbindung mit Metallgewebe verwendet, oder die Grundform des Kunstfelsens wird mit Draht- oder Ziegeldrahtgewebe (mit gebranntem Ton ummanteltes Metallgeflecht) modelliert und anschlie-

ßend mit einer widerstandsfähigen Außenhaut versehen. Eine relativ aufwändige Methode zur Herstellung von Aquarienrückwänden in Felsoptik aus Kunststoff beschreibt KADEN (1974). Er stellte zunächst ein Tonmodell der Rückwand her, von dem dann unter Verwendung eines Kunstharzes und Glasfasermatten die Rückwand abgeformt wurde. An Stelle des Tonmodells kann man jedoch auch eine tragende Konstruktion aus Drahtgewebe modellieren, auf die Epoxidharz und Glasfasermatten auflaminiert werden.

→ Verarbeitung
1. Herstellung eines Kunstfelsens auf Styroporbasis
Die Spannbreite des Einsatzes von Kunstfelsen auf Styropor- oder Styrodurbasis zur Gestaltung von Terrarien ist enorm. Sie eignen sich sowohl für die Einrichtung von Klein- und Kleinstterrarien, sind aber auch, eine robuste Oberflächenbeschichtung

Auf der Basis von Styropor lassen sich gut kontrollierbare Versteckplätze anfertigen (Materalien: Styropor, Styroporkleber, eingefärbter Haftputz mit Sand). Fotos: M. Schröder

vorausgesetzt, für sehr große Behälter geeignet. Die Vorteile bestehen in der relativ einfachen Bearbeitung des Werkstoffes und in dem sehr geringen Gewicht der fertigen „Felsen".

Eine einfache „Felsrückwand" lässt sich aus einer mindestens 100 mm dicken Platte herstellen. Dazu schneidet man sie auf das Maß der Terrarienrückwand zu, wobei man etwas Spiel (ca. 1 cm in der Länge und der Höhe) einplanen sollte, um eine einfache Montage der fertigen Rückwand im Terrarium zu erreichen.

Das Modellieren einer Felsabbruchkante erfolgt unter Verwendung eines sehr scharfen Cuttermessers. Man schneidet mit der Klinge schräg in das Styropor und bricht anschließend den dadurch entstandenen Styroporkeil aus der Platte. Es entstehen dadurch, fast von selbst, sehr bizarr und natürlich aussehende Abbrüche. Durch die Kombination unterschiedlich großer und tiefer Bruchkanten kann

eine naturgetreue Felsabbruchkante erstellt werden. Zum Abschluss der Arbeiten hat es sich bewährt, die Oberfläche der Styroporplatte mit einem Heißluftfön leicht zu erhitzen. Dadurch wird das Material oberflächlich angeschmolzen, und die Styroporoberfläche wird dadurch verfestigt und geglättet. Diese Arbeit sollte jedoch immer im Freien oder vor einem geöffneten Fenster durchgeführt werden, da dabei gesundheitsschädliche Dämpfe entstehen (evtl. Atemschutzmaske tragen!). Der fertige „Felsrohling" muss nun nur noch entsprechend der durch die Tiere zu erwartenden mechanischen Beanspruchung beschichtet werden (siehe „Beschichtung der Kunstfelsrohlinge"). Der Nachteil dieser sehr einfachen Methode ist jedoch, dass sich nur relativ schmale Felsvorsprünge realisieren lassen. Will man Felsrückwände mit weit ausladenden Überhängen und Felsvorsprüngen realisieren, dann muss die Rückwand etwas anders aufgebaut werden.

Styroporrohling einer Kunstfelswand   Foto: T. Wilms

Felswand aus Styropor mit Epoxidharz/Sand-Überzug
Foto: T. Wilms

Felswand aus Styropor mt einem mineralischen Überzug
Foto: T. Wilms

Terrarienlandschaft aus Styropor mit einer Beschichtung aus
Beton Foto: T. Wilms

Die Basis bildet auch hier eine Styropor- oder Styrodurplatte, auf die waagerechte Strukturelemente aus dünneren Platten (ca. 30 mm Stärke) als Felsvorsprünge und Überhänge aufgeklebt werden. Als Kleber hat sich hierbei Holzleim (Weißleim) bestens bewährt, man kann aber auch Silikon, Fliesenkleber oder spezielle Styroporkleber verwenden. Die Kanten der waagerechten Styroporplatten, die mit der Basisplatte verklebt werden, sollten etwas abgeschrägt sein, um rechte Winkel zu vermeiden. Dadurch wird der gewünschte natürliche Eindruck verstärkt. Grundsätzlich sollte man versuchen, unregelmäßige Formen aus den Platten zu modellieren und geometrische Schnittführungen zu vermeiden. Nachdem alle Strukturelemente, Vorsprünge, Spalten und Höhlungen mit Hilfe einer scharfen Klinge modelliert und alle Einzelteile der Rückwand mit Leim

endgültig verklebt wurden, fehlt nur noch eine entsprechende Beschichtung des „Felsrohlings" (siehe „Beschichtung der Kunstfelsrohlinge").

Beschichtung der Kunstfelsrohlinge
Die Art der Oberflächenbeschichtung der Felsrohlinge richtet sich im Wesentlichen nach der zu erwartenden mechanischen Beanspruchung durch die Terrarientiere. Ein weiterer wichtiger Aspekt ist die Forderung nach einer ausreichenden Strapazierfähigkeit in Hinblick auf die Reinigung (PAULDURO 1991).

1.1 Geringe mechanische Strapazierfähigkeit
Weißleim plus Japanpapier oder feines Glasfaservlies
PAULDURO (1991) berichtet von einer Methode, glatte „Gesteins"-Oberflächen zu erstellen, die je-

„Legesteinmauer" aus Polyurethanschaum   Foto: U. Krabbe-Paulduro & E. Paulduro

„Legesteinmauer" aus Polyurethanschaum mit Gips kaschiert   Foto: U. Krabbe-Paulduro & E. Paulduro

„Legesteinmauer" aus Polyurethanschaum mit Gips kaschiert und fertig koloriert   Foto: U. Krabbe-Paulduro & E. Paulduro

doch nur eine geringe mechanische Strapazierfähigkeit aufweisen. Als Untergrund verwendet er aus Polyurethan-Hartschaum gearbeitete Felsrohlinge. Dieses Material erlaubt, besonders bei kleiner Porengröße des Hartschaums, die detailgetreue Ausarbeitung von Strukturen. Auf den fertigen Felsrohling wird Japanpapier mit Hilfe einer Lösung aus Wasser und Holzleim (1:1) aufka-

Panzergürtelschweif (*Cordylus cataphractus*) im „Sandsteinformation"-Terrarium Foto: U. Krabbe-Paulduro & E. Paulduro

schiert. Zunächst wird der Polyurethan-Hartschaum mit der Lösung gut eingestrichen und danach das Japanpapier mit einem stabilen Borstenpinsel angedrückt. Das Papier wird in mehreren Lagen aufgebracht, wobei man dafür sorgen muss, dass das Japanpapier immer ausreichend mit der Haftlösung getränkt ist. So erreicht man, dass es sich gut an die in den Hartschaum eingearbeiteten Strukturen anschmiegt. Es ist grundsätzlich auch möglich, an Stelle des Japanpapiers feines Glasfaservlies zu verwenden.

Will man einen aus Styropor gearbeiteten Felsrohling mit Glasfaservlies kaschieren, dann sollte man das Styropor zunächst mit unverdünntem Weißleim einstreichen und dann das Vlies aufkaschieren. Dabei ist es wichtig, das Vlies mit einem stabilen Borstenpinsel gut an die Konturen des Felsrohlings anzudrücken. Je nach gewünschter Festigkeit und Oberflächenstruktur sollte man mehrere Lagen Glasfaservlies aufbringen. Durch die Verwendung wasserfesten Holzleims ist eine

gewisse feuchtigkeitsfeste Versiegelung der Oberfläche gewährleistet.

Gips

Eine weitere Möglichkeit, glatte Kunstfelsoberflächen zu erhalten, ist eine Beschichtung des Felsrohlings mit Gips, dem zur Erhöhung der Stabilität wasserfester Holzleim zugesetzt wird (PAULDURO 1991). Dem Ansetzwasser können bis zu 50 % Holzleim beigemischt werden. Es ist auf jeden Fall zu beachten, dass Gips eine relativ kurze Verarbeitungszeit von ca. 15–20 min aufweist; man sollte daher immer nur so viel Gips anrühren, wie innerhalb dieser Zeit verarbeitet werden kann. Die Konsistenz der Gipsmasse sollte dickflüssig bis leicht pastös sein, sodass sie mit einem Pinsel aufgetragen werden kann. Um eine stabile Verbindung der einzelnen Schichten zu erreichen, muss immer „Nass-in-Nass" gearbeitet werden. Wenn man eine weitere Gipsschicht auf eine bereits abgebundene, trockene Schicht aufbringen möchte,

Styroporplatte in die mit einem Heißluftfön eine Struktur gebrannt wurde (diese Arbeit immer im Freien durchführen!!)

Mit einem Pinsel wird, in mehreren Schichten, dünnflüssiger und eingefärbter Fliesenkleber aufgetragen

Fertige Rückwand   Fotos: T. Schreckenbach

Mit der hier vorgestellten Methode können auch stark stukturierte Felswände erstellt werden.   Foto: T. Ackermann

dann sollte man den Untergrund gut befeuchten, um eine Bindung zu ermöglichen. Nach Beendigung des Beschichtungsvorgangs können noch nachträglich Strukturen, wie Sprünge und Risse, mit entsprechenden Schnitz- und Modellierwerkzeugen eingearbeitet werden.

Will man eine raue, sandsteinartige Oberfläche erzielen, dann kann man auf die Gipsoberfläche eine dünne Schicht einer Mischung aus eingefärbtem Holzleim und Sand aufpinseln und anschließend mit trockenem Sand bestreuen. Zur Einfärbung des Holzleims eignen sich handelsübliche Dispersions- und Oxidfarben. Es ist bei dieser Oberflächenbeschichtung wichtig, dass der zum Abstreuen verwendete Sand nicht vollständig in den Holzleim einsinkt, da sonst der Eindruck eines ständig nassen Felsens entstehen würde (PAULDURO 1991). Dieser Effekt kann auch durch die Verwendung leicht feuchten Sandes statt trockenen Materials verhindert werden.

1.2 Mittlere mechanische Strapazierfähigkeit Gips plus Beschichtung mit Glasfasergewebe

Sehr schöne und widerstandsfähige Kunstfelsoberflächen lassen sich durch die Kombination einer Beschichtung aus leimvergütetem Gips (wie im vorhergehenden Abschnitt beschrieben) und aufkaschiertem Glasfaservlies herstellen. Das

Glasfaservlies wird mit unverdünntem wasserfesten Holzleim in mehreren Lagen aufgeklebt. Eine Einfärbung des Felsens ist durch die Zugabe von Dispersionsfarben oder Pulverfarben (Oxidfarben) in den Holzleim möglich.

Sanierputz für Sandsteine

Sandsteinartige Kunstfelsoberflächen können durch die Verwendung von Sanierputzen für Sandsteine als Beschichtungsmaterial hergestellt werden. Dieser Putz wird bei der Restauration alter Sandsteinmauern verwendet. Er ist in verschiedenen Farben erhältlich. Beim Bau von Kunstfelsen sollte die Festigkeit des Putzes wiederum durch die Zugabe von Holzleim in das Anmachwasser erhöht werden. Der fertige Putz wird, z. B. mit einem stabilen Pinsel oder mit der Hand (Gummihandschuhe!), in mehreren Schichten auf den Felsrohling aufgebracht. Die endgültige Schichtdicke sollte mindestens 5–10 mm betragen. Bei zu erwartender stärkerer Beanspruchung der Oberfläche durch die Tiere kann sie nochmals mit einem farblosen Epoxidharz verfestigt werden, der jedoch, um eine glänzende Oberfläche zu verhindern, mit feuchtem Sand abgestreut werden muss.

Beschichtung mit Fliesenkleber

Kunstfelsrohlinge lassen sich sehr gut mit eingefärbtem Fliesenkleber (Flex-Kleber ist hier zu bevorzugen!) beschichten. Zum Einfärben eignen sich Abtönfarben auf Dispersionsbasis. Aus meiner Sicht ist es empfehlenswert, jede der unterschiedlichen Beschichtungsschritte mit eingefärbtem Kleber auszuführen. Dadurch erhält man eine komplett durchgefärbte Beschichtung, und es entstehen keine hässlichen weiß oder grau durchschimmernden Bereiche, wenn die obere Schicht evtl. etwas abgenutzt wird. Es hat sich bewährt, den Fliesenkleber in mindestens vier Schichten aufzubringen. Als Grundierung des Felsrohlings wird zunächst eine Schicht dünnflüssigen Fliesenklebers mit Hilfe eines Pinsels flächig aufgebracht. Für die zweite und dritte Schicht sollte der Fliesenkleber dickflüssig bis pastös eingestellt werden. Vor dem Auftragen der nächsten Fliesenkleberschicht muss die jeweils vorherige Schicht ausgehärtet sein. Jetzt

lassen sich noch Feinheiten der „Felsoberfläche" modellieren. Für den abschließenden Beschichtungsschritt wird dem Kleber etwas Quarzsand beigemengt und die Fläche mit Sand abgestreut, damit die Oberfläche des Kunstfelsens eine körnige, sandsteinartige Struktur erhält.

1.3 Hohe mechanische Strapazierfähigkeit
Epoxidharz kombiniert mit verschiedenen Naturstoffen

Sehr stabile Oberflächenbeschichtungen für Kunstfelsen lassen sich aus 2-Komponenten-Epoxidharz in Verbindung mit Sand, feinem Kies, einer Kies-Sand-Mischung oder Buntsandsteingrus herstellen. Dazu wird der Kunstfelsrohling zunächst mit eingedicktem und schwarz oder sandfarben eingefärbtem Epoxidharz komplett lackiert. Man kann auch mit farblosem Epoxidharz arbeiten, wobei dann jedoch das Styropor mit einer Dispersionsfarbe grundiert werden sollte. Um das Epoxidharz entsprechend einzudicken, stehen von verschiedenen Herstellern spezifische Dickungsmittel auf silikatischer Basis oder auf Basis von Baumwollfasern zur Verfügung (sog. Thixotrophiermittel).

Die Schichtdicke des Harzes sollte je nach gewünschter Stabilität bis zu mehrere Millimeter betragen. Nach der vollständigen Aushärtung der ersten Harzschicht kann eine zweite, dünnere (eingedickt und eingefärbt) aufgetragen werden, auf die die entsprechenden Naturstoffe (Sand, feiner Kies, Kies-Sand-Mischung, Buntsandsteingrus) aufgestreut werden. Dieser Arbeitsschritt muss erfolgen, solange das Harz noch weich ist, also die Polymerisation (Aushärtung) noch nicht begonnen hat. Nach dem Aufstreuen des Naturstoffes muss dieser fest angedrückt werden, was am einfachsten mit der Hand (Gummihandschuhe!) bewerkstelligt werden kann. Bei der Verwendung von Sand als Streugut sollte man darauf achten, dass er nicht völlig trocken, sondern besser leicht feucht sein sollte, weil trockener Sand das Epoxidharz aufsaugen und man dadurch eine glänzende Oberfläche erhalten würde.

Vorteilhaft bei der Verwendung von Epoxidharz ist, dass mit einer relativ geringen Beschichtungsdicke eine hohe Festigkeit erreicht wird.

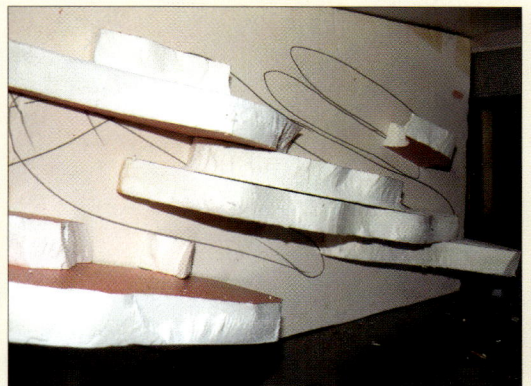

Terrarium mit unbearbeiteter Polyurethan-Hartschaumplatte, auf der die zukünftigen Felsvorsprünge angebracht wurden

Mittels eines Cuttermessers wurde die Struktur in die Polyurethan-Hartschaumplatte eingeschnitzt.

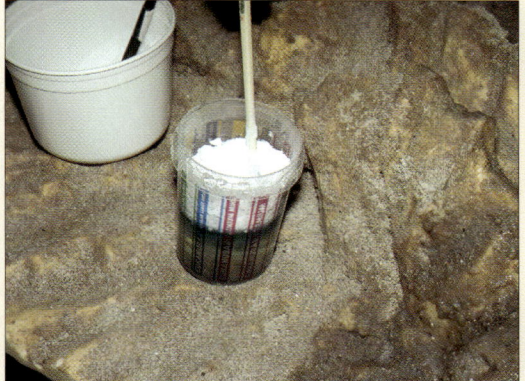

Thixotrophiermittel wird in das Harz eingerührt, um es zähflüssiger einzustellen.

Nach dem zweiten Anstrich mit Epoxidharz...

...wird die noch feuchte Harzfläche mit feuchtem Sand vollständig bedeckt.

Fertige „Felswand"
Fotos: T. Wilms

Deatailaufnahme einer Rückwand auf Styroporbasis, die mit einem Gemisch aus Weißleim und rotem Sand beschichtet wurde. Foto: T. Wilms

Man kann daher Detailstrukturen, die im Styroporrohling modelliert wurden, im fertigen Kunstfelsen noch erkennen. Es soll hier aber trotzdem darauf hingewiesen werden, dass „Gesteinsrisse" im Trägermaterial sehr großzügig modelliert werden müssen, da auch bei dieser Methode ein Teil des Volumens wieder mit Harz und Naturstoff aufgefüllt wird.

Holzleim kombiniert mit verschiedenen Naturstoffen

Die im Folgenden beschriebene Methode zur Beschichtung von Kunstfelsrohlingen besticht durch die einfache Handhabung der Materialien, deren leichte und kostengünstige Verfügbarkeit und nicht zuletzt durch das gute, optisch und mechanisch allen Anforderungen entsprechende Ergebnis.

Als Grundmaterial dient ein wasserfester Holzleim (z. B. Ponal D3), der mit einer Dispersionsfarbe entsprechend eingefärbt wird. In diesen Leim rührt man anschließend je nach angestrebter Oberflächenstruktur Sand, feinen Kies, eine Kies-Sand-Mischung oder Buntsandsteingrus ein, bis eine gut streichbare Paste entsteht. Diese wird mit einem stabilen Borstenpinsel auf dem Felsrohling aufgetragen. Gegebenenfalls muss man diesen Arbeitsschritt mehrmals wiederholen, um die gewünschte Schichtdicke von etwa 5 mm zu erhalten. Die letzte Schicht wird mit dem gleichen Naturstoff, der auch in den Leim eingerührt wurde, abgestreut und dann mit dem gesäuberten Pinsel angedrückt (angestupft).

Der fertige Kunstfelsen sollte nun noch mindestens eine Woche aushärten, bevor er in das Terrarium eingebaut werden kann. Man darf sich zu Beginn nicht von der doch beträchtlichen Flexibilität der Beschichtung irritieren lassen. Es dauert einige Zeit, bis die endgültige Festigkeit erreicht wird.

Beschichtung aus mineralischem Putz

Sehr feste und widerstandsfähige Oberflächen erhält man durch die Verwendung von Zementputz (z. B. Sockelputz) oder einem Zement-Sand-Gemisch (Beton). In beiden Fällen erfordert der Auftrag der Beschichtung etwas handwerkliche Fähigkeit, da beide Werkstoffe nur schlecht auf Styropor oder Styrodur haften. Am einfachsten lässt sich das Material aufbringen, wenn man den Putz oder den Beton für die erste Schicht sehr dünnflüssig anrührt und diese Schicht dünn mit einem Pinsel aufträgt.

Hat man es jedoch geschafft, den Felsen mit mindestens zwei ca. 5 mm dicken Schichten zu überziehen, dann hat man einen sehr widerstandsfähigen und stabilen Kunstfelsen geschaffen.

Um eine Durchfärbung der Beschichtung zu erreichen, können dem feuchten Putz oder dem Zement-Sand-Gemisch Farben zugesetzt werden. Es eignen sich Dispersions- oder Pulverfarben (Metalloxidfarben). Der Auftrag der Beschichtung erfolgt am besten mit der Hand. Auf jeden Fall sollte man bei dieser Arbeit Handschuhe tragen, da feuchter Zement alkalisch reagiert und Hautirritationen hervorrufen kann. Die abschließende Oberflächengestaltung des Felsens nimmt man am besten mit einem stabilen Borstenpinsel vor. Man kann die Oberflächenstruktur durch leichtes Stupfen mit dem Pinsel oder mit einem groben Schwamm strukturieren und erhält so eine naturähnliche Oberfläche. Unter bestimmten Bedingungen, z. B. bei der Haltung großer und kräftiger Tiere, kann es notwendig sein, die Oberfläche des Felsens nochmals zu verfestigen. Dafür eignet sich farbloses Epoxidharz, das auf die vollständig ausge-

Für eine mit Kustfelsen dekorierte Wüsten-Anlage werden erste „Felsen" aus Styropor vorgefertigt.

Einige „Felsplatten" sind hier bereits mit Fliesenkleber überzogen...

Es geht voran...

Teilauschnitt der fertigen Anlage
Fotos: T. Ackermann

härtete Zementfläche aufgetragen wird. Um ein Glänzen der so behandelten Fläche zu verhindern, sollte man das Harz mit feuchtem Sand bestreuen.

2. Herstellung eines Kunstfelsens aus Baustahldraht und Steinwolle

Die Beschreibung der Herstellung von Kunstfelsen aus Baustahldraht und Steinwolle richtet sich weitgehend nach ZWARTEPOORTE & VRIENS (2000). Die auf diese Weise erstellten Kunstfelsen eignen sich in erster Linie für mittelgroße bis große Terrarien. Als Grundgerüst für diese Art von Kunstfelsen dienen Drahteisen (Durchmesser ca. 6 mm), wie sie für Armierungsarbeiten auf dem Bau

verwendet werden. Daraus wird ein grobes Gerüst geflochten, das der Form des gewünschten Kunstfelsens entspricht. Die Verbindung der einzelnen Drahteisen kann mit Eisendraht, aber auch mit Kabelbindern erfolgen. Das Gerüst wird anschließend mit Steinwolle bedeckt, auf die dann nacheinander zwei Schichten (jeweils etwa 5 mm) eines Zement-Sand-Gemisches aufgebracht werden. Alternativ kann man statt der Steinwolle auch Fliegengitter verwenden. Um Erosionsstrukturen auf der Felsoberfläche zu erhalten, wird der nasse Zement mit Aluminiumfolie abgedeckt, die nach etwa einer Stunde wieder vorsichtig abgezogen werden muss. Es entstehen auf diese Weise auf der

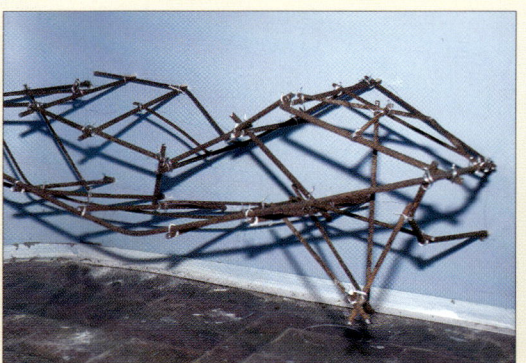

Die Unterkonstuktion für einen an der Wand aufgehängten Kunstfelsen

Nach dem Auftragen von Stahlwolle und Zementputz werden durch Aufbringen von Alufolie Erosionsstrukturen erzeugt.

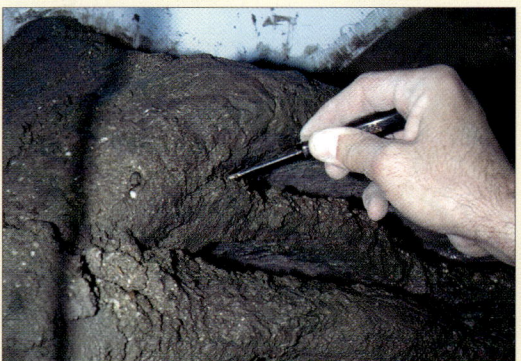

Mit einem Schraubenzieher kann man die Strukturen nacharbeiten. Fotos: H. Zwartepoorte & M. Vriens

Detailaufnahme so erzeugter Erosionsstrukturen
Foto: T. Wilms

Felsoberfläche verschieden große, flache Mulden und Vertiefungen. Diese Methode kann auch bei der Beschichtung von Kunstfelsen auf der Basis von Styropor, Styrodur, Polyurethan-Hartschaumplatten und Schaumglas verwendet werden.

Der Modellierung der Felsoberfläche sind nur durch das handwerkliche Geschick Grenzen gesetzt. So kann man abgebrochene Felsbereiche oder durch Erosion abplatzende Gesteinsschichten modellieren. Risse und kleine Spalten können, eine entsprechend dicke Zement-Sand-Schicht vorausgesetzt, mit einem Schraubenzieher oder einem anderen Werkzeug in die Oberfläche gekratzt werden.

Der Anstrich der Kunstfelsen sollte erfolgen, solange der Zement noch nicht vollständig abge-

trocknet ist. Dazu eignen sich Latexfarben (Dispersionsfarben). Alternativ können Sie auch bereits das Zement-Sand-Gemisch einfärben. Dazu eignen sich handelsübliche Dispersions- oder pulverförmige Oxidfarben, die mit dem Anmischwasser dem Zement-Sand-Gemisch zugegeben werden. Man erhält auf diese Weise eine vollständig durchgefärbte Beschichtung, sodass selbst das Abplatzen von Teilen der Zementbeschichtung keine grauen Flecken verursacht.

3. Herstellung eines Kunstfelsens mit Ziegeldrahtgewebe

Bei Ziegeldrahtgewebe handelt es sich um ein Drahtgewebe, das mit gebranntem Ton ummantelt ist. Es sorgt für eine gute Verformbarkeit, sodass

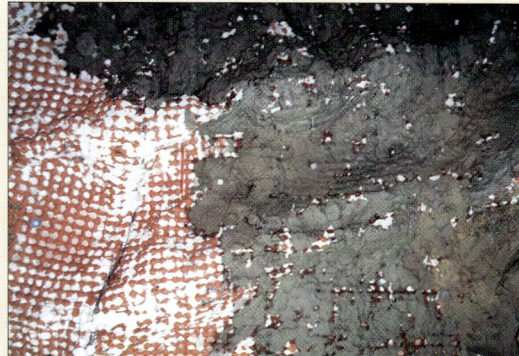

Nachdem das Ziegeldrahtgewebe an der Rückwand verschraubt ist, werden die Hohlräume mit Polyurethanschaum gefüllt.

Sobald der PU-Schaum ausgehärtet ist und die aus dem Gewebe hervorgequollenen Reste mit einem Messer entfernt wurden, kann der Putz aufgebracht werden.

Überstehende Bereiche sollten sicherheitshalber abgestützt werden. Fotos: W. Christ

Fertige Rückwand
Foto: T. Wilms

die Strukturen einer Felswand mit Felsvorsprüngen, Spalten und Abbrüchen gut modelliert werden können. Der Ton dient als Untergrund für die aus einem Zementmörtel oder einem Zement-Sand-Gemisch bestehende Oberfläche. Voraussetzung für den Aufbau einer mit Ziegeldrahtgewebe erstellten Felswand ist ein stabiler Untergrund, da das Ziegeldrahtgewebe in Abständen mit Schrauben befestigt werden muss. In einem Glasterrarium muss man es daher auf einer Holzplatte (Siebdruckplatte) anbringen. Man beginnt beim Aufbau einer solchen Felswand am besten von oben, indem man das Gewebe zunächst mit einigen Schrauben (mit Unterlegscheiben!) an der Wand befestigt. Anschließend beginnt man von oben nach unten, die Struktur einer Felswand herauszuarbeiten, und be-

festigt das Ziegeldrahtgewebe regelmäßig an der Rückwand. Um die Struktur der künstlichen Felswand mit weit ausladenden Vorsprüngen zu gestalten, kann man das Gewebe an verschiedenen Stellen mit Holzlatten unterfüttern.

Die Beschichtung des fertig modellierten Gerüstes erfolgt mit Zementputz (z. B. Sockelputz) oder mit einer Zement-Sand-Mischung (Verhältnis Zement zu Sand 1:2). Es ist dabei empfehlenswert, für die erste Oberflächenschicht den Putz etwas steifer anzumachen, um zu verhindern, dass zu viel Material durch die Löcher des Ziegeldrahtgewebes in den Hohlraum darunter fällt. Im ersten Arbeitsschritt sollten alle Öffnungen im Stützgerüst vollständig verschlossen werden. Auf diese erste Putzschicht sollten mindestens noch 2–3 Schichten

Nachdem die Styroporplatte mit einem Heißluftfön strukturiert wurde, bringt man schwarzes Silikon auf ...

... das mit Naturstoffen (hier Kokosfaserm, es geht aber auch Sand, Blumenerde, feiner Rindenmulch ...) bestreut wird.   Fotos: T. Wilms

aufgetragen werden, um eine ausreichende Festigkeit zu gewährleisten (Schichtdicke jeweils 4–5 mm). Die Einfärbung der Kunstfelswand erfolgt wie im Abschnitt „Herstellung eines Kunstfelsens aus Baustahldraht und Steinwolle" beschrieben.

Weitere Gestaltungsmöglichkeiten für Rückwände auf Styropor- und Styrodurbasis

Neben den bereits beschriebenen Kunstfelsen aus Styropor gibt es noch eine Reihe weiterer Gestaltungsmöglichkeiten unter der Verwendung der Werkstoffe Styropor und Styrodur. So lassen sich eine Uferabbruchkante an einem tropischen Re-

genwaldfluss simulieren oder ein abgerutschter Steilhang nachempfinden. Auch der Nachbau von Lebensräumen im Wurzeldickicht von Urwaldbäumen ist mit dieser Methode möglich.

Bei kleineren Amphibien und Reptilien, bei deren Haltung keine starken mechanischen Beanspruchungen auftreten, kann die Rückwandgestaltung durch eine Kombination aus Styropor mit Silikon und einem Naturstoff (Sand, Kies, Korkgrus, Torf, Erde, Kokosfasern, Xaximfasern usw.) bewerkstelligt werden. Bei Arten, die eine stärkere Beanspruchung der Terrarieneinrichtung verursachen, sollte man statt Silikon besser Weißleim, Polyurethankleber oder Epoxidharz verwenden.

→ Verarbeitung

Während es beim Bau von Kunstfelsen aus Styropor eher darauf ankommt, kantige, felsähnliche Strukturen zu erzeugen, sollte man bei der Nachbildung von Abbruchkanten und Steilwänden in einem Feuchtterrarium versuchen, weiche, runde Strukturen zu schaffen. Eine sehr gute Möglichkeit, dies zu verwirklichen, ist die Verwendung eines Heißluftföns und eines kleinen Gaslötstiftes. Mit Hilfe dieser Werkzeuge lassen sich die gewünschten Formen schnell und einfach in das Styropor einschmelzen. Selbstverständlich darf diese Arbeit wegen der entstehenden giftigen Dämpfe nur im Freien oder in einem sehr gut gelüfteten Raum durchgeführt werden (evtl. Atemschutzmaske tragen!).

Schöne Effekte können erzielt werden, wenn man als zusätzliche Strukturelemente Ast- oder Wurzelstücke in die Styroporrückwand integriert. Dazu bohrt man in das Styropor ein dem Ast- oder Wurzeldurchmesser entsprechendes Loch und klebt das Holz mit einem wasserfesten Weißleim ein. Bei den weiteren Arbeitsschritten muss man darauf achten, dass der Übergang Styropor/Holz besonders sorgfältig mit Silikon, Epoxidharz oder Holzleimgemisch ausgearbeitet wird. Es entsteht damit der Eindruck einer Abbruchkante, aus der noch Wurzel- oder Holzreste herausragen.

Die Silikon-Methode

Einfache Rückwände können aus einer etwa 50–100 mm dicken Styropor- oder Styrodurplatte herausgearbeitet werden. Die Platte wird mit Hilfe eines sehr scharfen Cuttermessers auf die Maße der Terrarienrückwand geschnitten. Es muss auf jeden Fall darauf geachtet werden, dass die fertige Rückwand problemlos und ohne Spannung in das Terrarium eingesetzt werden kann.

Auf die unbearbeitete Styroporplatte können nun mit einem Filzschreiber die zukünftigen Konturen der Rückwand aufgezeichnet werden. Diese werden dann, zunächst grob, mit Hilfe eines Heißluftföns ausgearbeitet. Feinarbeiten können danach mit dem Gaslötstift ausgeführt werden. Abschließend müssen die aus geschmolzenem Styropor entstandenen Grate entfernt werden. Dazu streicht man mit einem Arbeitshandschuh aus Leder über die Styroporoberfläche.

Will man beispielsweise für ein Pfeilgiftfrosch-Terrarium eine Rückwand fertigen, reicht schwarzes Aquariensilikon für die Beschichtung aus. Das Silikon wird mit einem Spachtel oder mit der Hand (Gummihandschuhe!) dick und flächendeckend aufgetragen und das Ganze anschließend mit Torf, Blumenerde, Stücken von Xaximplatten, Kokosfasern oder Ähnlichem bestreut (LÖHMANN 2000). Um einen möglichst natürlichen Eindruck zu erzielen, sollte darauf geachtet werden, dass das Dekorationsmaterial in unterschiedlicher Korngröße aufgebracht wird. Manche Materialien (z. B. Kork, Pinienrinde, Torf) können mit einer alten Küchenreibe grob geraspelt und/oder mit einer alten Kaffeemühle zu feinem Pulver zermahlen werden. Für eine gute Haftung auf der Unterlage ist es wichtig, das auf das Silikon gestreute Material fest anzudrücken. Eine weitere Voraussetzung für das Gelingen ist die absolute Trockenheit des Dekorationsmaterials, sodass es empfehlenswert ist, feuchtes Material im Backofen bis zur vollständigen Trocknung zu erwärmen. Eine so gestaltete Rückwand ist bestens für ein tropisches Feuchtterrarium zur Haltung kleinerer Amphibien- und Reptilienarten geeignet, die keine allzu hohen Anforderungen an die Belastbarkeit der Einrichtung stellen. Die fertige Rückwand kann dann mit einigen Tupfern Silikon an der Glasrückwand des Terrariums befestigt werden. Die umlaufende Fuge muss ebenfalls mit Silikon abgedichtet wer-

den, damit entwichene Futtertiere nicht so leicht hinter das Styropor gelangen können. Es muss hier ausdrücklich darauf hingewiesen werden, dass eine Rückwand dieser Bauart sehr empfindlich gegen Insektenfraß ist. Ich möchte daher dringend dazu raten, in einem Terrarium mit einer solchen Rückwand keine Futtertiere mit starken Kiefern zu verfüttern, oder zumindest dafür zu sorgen, dass keine Futtertiere frei im Terrarium leben.

Die Epoxidharz-Methode

Bei der Einrichtung von Terrarien mit größeren Bewohnern können ähnliche Rückwände verwendet werden, bei denen das Silikon jedoch durch ein 2-Komponenten-Epoxidharz ersetzt wird (vgl. LIPP 2002). Die Vorgehensweise beim Bau einer solchen Rückwand ist grundsätzlich identisch mit der vorherigen Bauanleitung. Auf den modellierten Styropor- oder Styrodurrohling wird schwarz eingefärbtes und mit einem speziellen Dickungsmittel eingedicktes 2-Komponenten-Epoxidharz aufgebracht. Die Schichtdicke sollte einige Millimeter betragen. Ich bevorzuge schwarz eingefärbtes Epoxidharz, weil dadurch das weiße Styropor gut abgedeckt wird und keine unschönen weißen Flecken entstehen, wenn die Beschichtung einmal zu dünn ausfallen sollte.

Nach dem Aushärten des Harzes kann erneut eine Schicht Epoxidharz aufgetragen werden, auf das – je nachdem, welchen Lebensraum man nachempfinden will – die genannten Materialien (Sand, Kies, Korkgrus, Torf, Erde, Kokosfasern, Xaximfasern usw.) aufgestreut und angedrückt werden. Um die Haltbarkeit der Rückwand zu erhöhen, sollte man nicht nur die Vorderseite, sondern auch die Seiten und zumindest einen etwa 5 cm breiten Rand der Rückseite mit Epoxidharz lackieren. Zum Einbau der Rückwand wird diese mit kleinen Holz- oder Kunststoffkeilen festgeklemmt und die umlaufende Fuge zwischen den Wänden des Terrariums und der einzubauenden Rückwand mit Silikonkautschuk abgedichtet. Die durch das Herausnehmen der Keile entstehenden Lücken in der Silikonnaht müssen selbstverständlich verschlossen werden. Durch diese Art der Befestigung erhält die Rückwand einen si-

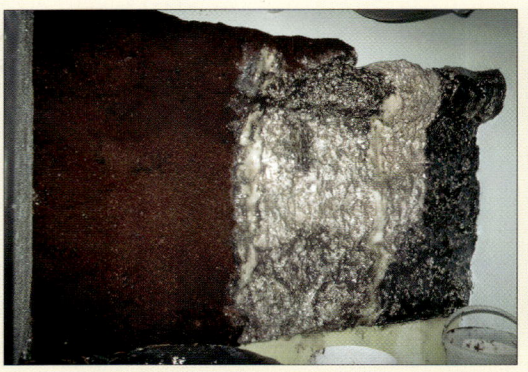

Zur Herstellung dieser Abbruchkante (Grundmaterial Styropor) hat man die Konstruktion mit einem Grundanstrich aus Epoxidharz versehen und ...

... auf die nächste, noch feuchte Harzschicht angefeuchtetes Substrat (hier geraspelte Pinienrinde) aufgebracht.

Fertig eingerichtetes Terrarium

Wenn man das Material feucht hält, können sich wie in diesem Beispiel auch Moose ansiedeln.   Fotos: T. Wilms

cheren Halt, kann aber im Bedarfsfall recht einfach wieder entfernt werden, indem man die Silikonnaht aufschneidet.

Entwichene Futtertiere haben nun keine Möglichkeit mehr, hinter die endgültig installierte Rückwand zu gelangen, und die freiliegenden Teile der Wand sind durch das Epoxidharz vor Insektenfraß gut geschützt.

Die Holzleim-Methode

Anstelle von 2-Komponenten-Epoxidharz eignet sich auch eingefärbter Holzleim (wasserfester Weißleim) für eine naturnahe Beschichtung des Styropor- oder Styrodurrohlings. Bei Rückwänden, die dauerhaft sehr nass gehalten werden, sollte man die Qualität des Weißleims durch die Zugabe eines Härters auf D4-Norm erhöhen (vgl. Kap. 3.2).

Der Holzleim wird mit schwarzer oder brauner Dispersionsfarbe eingefärbt, und zu Pulver gemahlene Naturmaterialien (Korkgrus, Torf, Erde, Kokosfasern, Xaximfasern usw.) werden beigemengt. Es soll eine pastöse, formstabile Masse entstehen, die mit einem groben Pinsel, einem Spachtel oder mit der Hand (Gummihandschuhe!) aufgetragen werden kann. Die gesamte Dicke der aufgetragenen Masse sollte etwa 3–5 mm betragen, sodass die Beschichtung in mehreren Schritten aufgetragen werden muss. Die nächste Schicht immer erst aufbringen, nachdem die vorherige Leimschicht bereits getrocknet ist! Zum Abschluss können auf die letzte Leimschicht Naturmaterialien in unterschiedlichen Korngrößen gestreut und fest angedrückt werden. Auch bei dieser Methode ist es empfehlenswert, die Seitenteile und einen etwa 5 cm breiten Rand der Rückseite ebenfalls mit dem Leim zu streichen. Nachdem der Leim vollständig ausgehärtet ist, kann die Rückwand wie oben beschrieben im Terrarium montiert werden.

Rückwände auf Leimbasis

Zur Gestaltung von Rück- und Seitenwänden für Waldterrarien steht eine weitere, sehr einfache Methode zur Verfügung. Als Materialien werden Rindenmulch, Torf, Blumenerde und Weißleim (für den Einsatz im Feuchtterrarium unbedingt mit entsprechendem Härter, vgl. Kap. 3.2) benötigt. Diese Materialien werden vermischt und in einer entsprechenden Form (s. u.) in Plattenform gebracht. Nach dem Aushärten erhält man optisch sehr ansprechende Platten, die mit Aquariensilikon in das Terrarium eingeklebt werden können.

→ Verarbeitung

Als Vorarbeit zum Bau einer solchen Rückwand muss aus Holzplatten eine Form erstellt werden. Es eignen sich sehr gut beschichtete Spanplatten mit einer Stärke von 10 mm. Die Abmessungen dieser Form errechnen sich aus den Maßen der gewünschten Rückwand plus etwa 5 %. Diese 5 % müssen unbedingt addiert werden, da die mit dieser Methode hergestellten Wände während der Trocknung um diesen Wert schrumpfen. Will man z. B. eine Rückwand mit den Maßen 38 x 28,5 cm erhalten, dann muss man demnach eine Form mit den Innenmaßen 40 x 30 cm verwenden. Die Form wird mit Backpapier ausgelegt, um zu verhindern, dass die Leimmischung mit der Form verklebt.

Der Rindenmulch wird mit Blumenerde und Torf vermischt (Verhältnis etwa 3:3:1; Rindenmulch:Blumenerde:Torf) und alles mit etwas Wasser leicht angefeuchtet. In diese Mischung wird Weißleim eingerührt. Ich habe mit einem

Benötigte Materialien: Holzform, Backpapier, Sand, Blumenerde, Torfstücke (oder auch andere Naturmaterialien), Weißleim. Die Naturstoffe werden mit Weißleim gemischt bis eine Formstabile, knetbare Masse entsteht.

Die Holzform wird mit Backpapier ausgelegt, und die Leim/Substrat-Masse eingefüllt.

Die Oberfläche kann noch mit Holz, Torf o. Ä. gestaltet werden.

Verhältnis von 1 kg Rindenmulch/Blumenerde/Torf-Gemisch auf 300–400 g Weißleim gute Erfahrungen gemacht. Die Leimmenge hängt jedoch von vielen Parametern ab, etwa der Körnung des Mulches und der Feuchtigkeit des Gemisches, sodass die im Einzelfall benötigte Leimmenge selbst ausgetestet werden muss. Die gesamte Mischung sollte pastös sein – vergleichbar mit gut knetbarem Lehm! Diese Leimpaste füllt man ca. 1–3 cm hoch in die Form ein und modelliert die Oberfläche. Als letzten Arbeitsschritt kann man die Oberfläche strukturieren, indem man Rindenmulch, Sand, Torf oder Holz- bzw. Wurzelstückchen aufstreut oder eindrückt. Nach einer Trocknungszeit von ca. zwei Tagen kann man die Wand aus der Form nehmen, das Backpapier entfernen und sie bei ca. 20–25 °C an einem gut gelüfteten Ort lagern. Sie ist zu diesem Zeitpunkt noch weich und elastisch und muss mindestens noch 14 Tage austrocknen. Während dieser Zeit kann man die Wand flach liegend auf einer Plastikfolie lagern und sollte sie etwa alle zwei Tage wenden, um ein gleichmäßiges Trocknen zu gewährleisten. Nach Beendigung der Trocknungsphase erhält man eine sehr widerstandsfähige, harte Rückwand, die einfach mit Silikon in das Terrarium eingeklebt werden kann. Bei Bedarf lässt sich eine so erstellte Wand auch auf das gewünschte Maß zusägen.

Rückwandgestaltung mit Lehm

Für Trockenterrarien eignen sich auch Rückwände aus Lehm, die als Lehmabbruchkanten gestaltet werden. Als Grundgerüst einer solchen Rückwand kann eine Konstruktion aus Ziegeldrahtgewebe verwendet werden. Das Gewebe wird an der Terrarienwand oder, wenn eine Rückwand für ein Glaserrarium gebaut werden soll, auf einer Holzplatte (Siebdruckplatte) befestigt. Als Modelliermasse kann Lehmputz aus dem Natur-Baustoffhandel verwendet werden. Diese Putze gibt es in unterschiedlichen Ausführungen, d. h. mit unterschiedlichen Zuschlagsstoffen (Gerstenstroh in verschiedenen Schnittlängen oder verschiedene Sandbeimengungen).

→ **Verarbeitung**

Man beginnt beim Aufbau einer Lehmwand auf einer Basis aus Ziegeldrahtgewebe am besten von oben, indem man das Gewebe zunächst mit einigen Schrauben (mit Unterlegscheiben!) an der Wand oder auf einer Holzplatte befestigt. Anschließend arbeitet man von oben nach unten die Struktur der Wand heraus und befestigt das Ziegeldrahtgewebe regelmäßig mit Schrauben an der Rückwand. Um die Struktur der künstlichen Lehmwand abwechslungsreicher zu gestalten, kann man das Gewebe an verschiedenen Stellen mit Holzlatten unterfüttern. Der Hohlraum unter dem Ziegeldrahtgewebe muß mit PU-Schaum ausgefüllt werden.

Auf diesen Unterbau wird der nach Herstellerangaben angemachte Lehmputz aufgetragen. Da es sich bei Lehm um einen unbedenklichen Baustoff handelt, können die Verarbeitung des Putzes und die Modellierung der Lehmwand mit den Händen erfolgen. Lehm erhält seine Festigkeit ausschließlich durch das Trocknen des Materials, ein chemisches Abbinden findet nicht statt. Aufgrund dieser Eigenschaft kann der Lehmputz nach einer Befeuchtung immer wieder nachmodelliert werden. Mit den handelsüblichen Lehmputzen sind Putzdicken bis zu 5 cm realisierbar. Je nach gewählter Dicke der Schicht muss man die Wand unterschiedlich lange trocknen lassen. Eine so hergestellte Lehmrückwand muss auf jeden Fall vor übermäßiger Feuchtigkeit geschützt werden, da der Lehmputz ansonsten wieder weich und instabil wird. Unbedenklich ist jedoch das tägliche Besprühen, da der Lehm in der Lage ist, etwas Feuchtigkeit ohne Verlust der Stabilität aufzunehmen und langsam wieder an die Umgebung abzugeben. Aufgrund der Eigenschaft von Lehm, bei Zugabe von Wasser wieder weich und modellierbar zu werden, kann man eventuelle Schäden an der Rückwand, etwa durch zu hohe Feuchtigkeit oder durch mechanische Einwirkungen, relativ einfach ausbessern, indem man die Stelle anfeuchtet und mit neuem Lehmputz überarbeitet. Eine Erhöhung der Festigkeit einer Lehmwand kann man durch die Beimengung von Portlandzement erreichen. Dadurch verliert der Lehm jedoch seine typischen Eigenschaften, und die Oberfläche ist vergleichbar mit einer Oberfläche aus Zementputz.

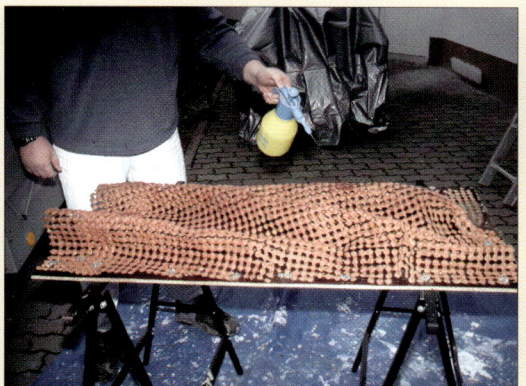

Die Rückwand wird mit Ziegeldrahtgewebe strukturiert. Auch bei dieser Methode empiehlt es sich die Hohlräume mit PU-Schaum zu füllen, um dem Untergrund die Elastizität zu nehmen – Ansonsten platzt der Lehm ab. Nachdem das Gewebe angefeuchtet wurde ...

... kann nun der Lehmputz aufgetragen werden. Hierbei sollten die Schichten nicht zu dünn ausfallen, da sonst die Wand instabil wird. Ich empfehle eine Stärke von mindestens 2 cm!

Die Oberfläche wird angefeuchtet und mit den Händen geglättet.

Hierfür lässt sich auch gut ein Pinsel verwenden.

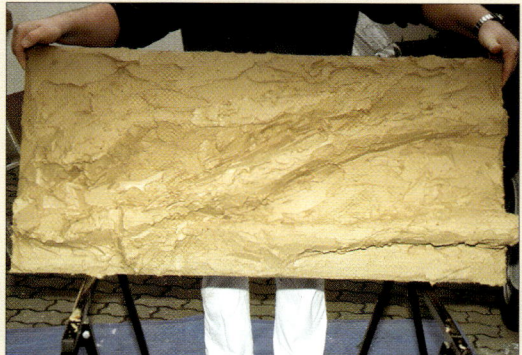

Fertige Rückwand. Die beim trocknen entstehenden Risse können nachträglich mit Lehm verschlossen werden.

Wenn die Oberfläche nicht glatt sein soll, kann mit Sand abgestreut werden. Fotos: T. Wilms

Detailaufnahme einer Kommerziellen Rückwand (Abguss-technik) aus Polyesterharz Foto: T. Wilms

Professionell hergestellte Rückwand aus Beton Foto: T. Wilms

Fertig-Rückwände aus Kunststoff

Seit einigen Jahren sind im Terrarienzubehörhandel verschiedene Rückwandsysteme erhältlich. Die meisten bestehen aus glasfaserverstärktem Kunststoff (GFK), von einigen Herstellern sind aber auch Rückwände auf der Basis geschäumter Kunststoffe mit einer entsprechenden Oberflächenversiegelung erhältlich. Grundsätzlich eignen sich diese kommerziellen Rückwände sehr gut zur Gestaltung von Terrarien, vorausgesetzt, das Produkt verfügt über eine Oberflächenstruktur, die der Lebensweise des gepflegten Tieres entspricht. Zumindest sollte es für die Tiere möglich sein, auf der Rückwand zu laufen, ohne aufgrund einer zu glatten Kunststoffoberfläche permanent abzurutschen. Bezüglich der optischen Qualität der angebotenen Rückwände bestehen extrem große Unterschiede. Manche Hersteller produzieren ihre Rückwände mit Hilfe von Negativformen, die in der Natur von Originalfelsen abgenommen wur-

den. Mit Hilfe dieser Methode lassen sich sehr gute, naturgetreue Felswände herstellen.

Die meisten Rückwände werden in Standardmaßen passend für handelsübliche Glasterrarien angeboten. Die Rückwände können aber auch auf Bestellung individuell auf Maß angefertigt werden, wobei Rückwände mit einer Fläche bis zu mehreren Quadratmetern möglich sind.

Neben flächigen Kunststoffrückwänden gibt es im Handel auch so genannte „Felsmodule" in unterschiedlicher Größe, die in Verbindung mit anderen Materialien zur Rückwandgestaltung verwendet werden können. Es handelt sich dabei um kleine bis mittelgroße Felsnachbildungen aus Epoxidharz, die über eine, bei Eckmodulen über zwei glatte Flächen verfügen, mit denen sie auf die Terrarienwand montiert werden können. Die dazwischen liegenden freien Flächen können mit einer der in diesem Buch beschriebenen Methoden individuell gestaltet werden. Kunststoffrückwände werden am besten mit Aquariensilikon in das Terrarium eingeklebt.

3.5 Raum- und Gestaltungselemente

Reptilien und Amphibien nutzen eine Vielzahl unterschiedlicher Strukturelemente in ihrem Lebensraum, um ihre vielschichtigen Lebensäußerungen auszuleben. So dienen Felshöhlen und Felsspalten, Termitenbauten, Baumhöhlen, dichte Vegetation und hohl liegende Steinplatten als Versteckplätze, während beispielsweise Steinplatten, Felsblöcke, Baumstämme und freie, vegetationslose Bodenbereiche zum Sonnen genutzt werden.

All diese Plätze dienen letztendlich nicht nur dazu, sich vor Feinden in Sicherheit zu bringen oder um Wärme zu tanken, sondern sie spielen eine wichtige Rolle bei der Steuerung des Wärme- und Wasserhaushaltes, des täglichen zeitlichen und räumlichen Aktivitätsrhythmus, der Ablage der Eier, und nicht zuletzt erfüllt eine reich strukturierte Umwelt auch eine psychische Komponente, indem sie dazu beiträgt, dem Tier das Gefühl der Sicherheit zu vermitteln.

Im Terrarium müssen daher vergleichbare Plätze angeboten werden. Neben unterschiedlichen Steinarten und Hölzern eignen sich aus Lehm modellierte und getrocknete Strukturelemente, getrocknete Grasbüschel und kleine getrocknete Büsche, Xaximstäbe, Bambusstäbe, hohl liegende Rindenstücke, halbierte Tontöpfe und flache Tonschalen, halbierte Kokosnussschalen sowie verschiedene Einrichtungsgegenstände, die vom Zubehörhandel angeboten werden (Höhlen aus Kunststoff, ausgehöhlte Baumstämme etc.).

Versteckplätze tragen bedeutend dazu bei, dass sich bei den im Terrarium gepflegten Tieren das oben erwähnte Gefühl der Sicherheit einstellt. Sie können sich bei „Gefahr" zurückziehen und das Geschehen aus der Sicherheit eines Versteckplatzes heraus verfolgen. Bei der gemeinsamen Pflege mehrerer Tiere müssen daher für jedes Tier Rückzugsgelegenheiten vorhanden sein, um innerartliche, aber auch zwischenartliche Spannungen zu vermeiden. Wie eingangs schon erläutert ist es ein Irrglaube, dass man Terrarientiere, die in einem reichlich mit Versteckplätzen ausgestatteten Behälter leben, nicht zu Gesicht bekomme. In einem solchen Terrarium fühlen sich die Tiere sicher und halten sich daher oft auch außerhalb der Verstecke auf. In einem Terrarium, in dem keine oder nur ungeeignete Versteckplätze vorhanden sind, wird ein Reptil oder auch ein Amphib sicherlich nicht sein natürliches Verhalten zeigen. Tiere sind unter solchen Umständen meist ängstlich und hektisch, sie versuchen, sich zu verkriechen oder ihr Heil in der Flucht zu finden.

Holz als Gestaltungsmaterial in Terrarien

Äste, Baumstämme und -stümpfe sind universell einsetzbare Einrichtungsgegenstände für das Terrarium. Sie haben sowohl in Trocken- als auch in halbfeuchten und feuchten Terrarien ihren festen Platz.

Helmleguane (hier *Corytophanes hernandezi*) bevorzugen eher senkrecht angebrachte Kletteräste
Foto: T. Wilms

Bei dere Haltung von Phelsumen (hier *Phelsuma madagascariensis grandis*) sollte man auch glatte Äste oder Bambusstäbe als Klettermöglichkeit anbieten. Foto: T. Wilms

Halbtrockenes Terrarium mit reichhaltiger Strukturierung und unterschiedlich dicken Kletterästen. Foto: T. Wilms

Für die Pflege baumbewohnender Arten ist es empfehlenswert, mehrere unterschiedlich starke Äste ins Terrarium einzubringen, während sich für die Pflege bodenbewohnender Arten eher einige dickere Baumstämme als Klettergelegenheit und hohle Baumstubben als Versteckplätze anbieten. Die Stärke der Äste muss in jedem Fall den Lebensgewohnheiten der gepflegten Arten angepasst werden. Viele Arten, wie beispielsweise Chamäleons und Buntleguane (*Polychrus* spp.), aber auch schlanke Baumschlangen, bevorzugen eindeutig dünne Äste, deren Durchmesser deutlich kleiner ist als der Körperdurchmesser des Tieres. Bei Chamäleons darf der Durchmesser eines Kletterastes nur so groß sein, dass das Tier mit seinen Zangenfüßen den Ast problemlos umgreifen kann. Größere Arten, etwa Großleguane (*Iguana* spp., *Ctenosaura* spp.), größere Agamen, viele Warane und größere baumbewohnende Schlangen, benötigen indes dicke Kletteräste. Neben der Stärke eines Kletterastes spielt auch dessen räumliche Ausrichtung eine große Rolle. Einige baumbewohnende Arten bevorzugen horizontal angebrachte Äste, so z. B. die Vertreter der Gattung *Corallus* (Hundskopfboas) sowie *Morelia viridis* (Grüner Baumpython), aber auch große Echsen wie Grüne Leguane (*Iguana iguana*), Segelechsen (*Hydrosaurus* spp.), Basilisken (*Basiliscus* spp.) und Wasseragamen (*Physignathus* spp.) sollten reichlich waagerechte Äste als Liegeflächen angeboten werden. Andere Tiergruppen, hier sind u. a. verschiedene Geckoarten (beispielsweise *Uroplatus* spp., *Phelsuma* spp., *Rhacodactylus* spp.), die Helmleguane der Gattung *Corythophanes* und verschiedene Winkelkopfagamen (*Gonocephalus* spp.) zu nennen, halten sich lieber an senkrecht ausgerichteten Ästen auf. Neben der Stärke des Astes und der räumlichen Ausrichtung spielt auch die Struktur der Borke eine bedeutende Rolle. Während die meisten kletternden Echsenarten eine griffige Borke bevorzugen, laufen beispielsweise Phelsumen am liebsten an glatten Ästen oder besonders gerne auch an glatten Bambusröhren. Viele baumbewohnende Arten nutzen in ihrem natürlichen Lebensraum hohle Baumstämme als Versteckplätze oder zur Ablage ihrer Gelege. Im Terrarium eignen sich neben hohlen Baumstämmen auch Zierkorkröhren oder Vogelnistkästen aus Holz, um geeignete Versteckplätze oben im „Astbereich" eines Terrariums zu schaffen.

Durch den geschickten Einsatz von Baumstämmen, -stümpfen, Ästen und Korkröhren kann man die von den Tieren nutzbare Fläche bedeutend erhöhen, das Terrarium gut strukturieren und Sichtbarrieren für die Tiere schaffen.

Die Wahl der für die Einrichtung eines Terrariums geeigneten Holzart richtet sich in erster Linie nach dem Terrarientyp. Während für das Trocken- und Steppenterrarium fast alle nicht harzenden Holzarten verwendet werden können, scheiden einige Holzarten aufgrund ihrer schnellen Verrottung als Einrichtungsgegenstand für das Regenwaldterrarium aus.

Die einfachste und kostengünstigste Möglichkeit, an Holz als Dekorationsmaterial für ein Terrarium zu kommen, ist das Sammeln in der Natur. Das Holz sollte gründlich mit heißem Wasser und einer Bürste gereinigt und einige Zeit zum Austrocknen gelagert werden. Eine darüber hinausgehende Behandlung zur Sterilisation, beispielsweise das Auskochen, das Erhitzen im Backofen oder gar eine Behandlung mit Chemikalien, halte ich nicht für

Mangrovenholz   Foto: T. Wilms

nötig und auch nicht für sinnvoll. Neben dieser Art der Holzbeschaffung können geeignete Hölzer auch im Terrarienzubehörhandel erworben werden.

Holzarten für das trockene und halbtrockene Terrarium

Zur Gestaltung trockener und halbtrockener Terrarien steht eine Vielzahl unterschiedlicher Holzarten zur Verfügung. Da das Holz in einem Trockenterrarium keiner besonderen Beanspruchung durch anhaltenden Kontakt mit feuchtem Bodengrund oder einer dauerhaft erhöhten Luftfeuchtigkeit ausgesetzt ist, brauchen Sie sich keine großen Gedanken bei der Auswahl der Holzstücke zu machen. Hier sind in erster Linie der ästhetische Eindruck und die Form des Holzes von Bedeutung. Es können Äste und Stämme verschiedener einheimischer Laubbäume (beispielsweise Robinie, Buche, verschiedene Obstarten) verwendet werden. Das Holz von Nadelbäumen würde ich aufgrund des oft auftretenden Harzflusses und der oft recht glatten Borke nicht als Klettermaterial verwenden. Von Nadelbäumen stammende alte Wurzelstöcke und Baumstümpfe sind jedoch als Gestaltungselemente durchaus nutzbar. Neben diesen Holzarten eignet sich auch knorriges Rebholz gut für die Terrariengestaltung. Rebholz kann entweder im Terrarienhandel erworben werden, dann meist in der entrindeten und sandgestrahlten Handelsform, oder aber in unbearbeiteter Form in Weinanbaugebieten direkt vom Winzer.

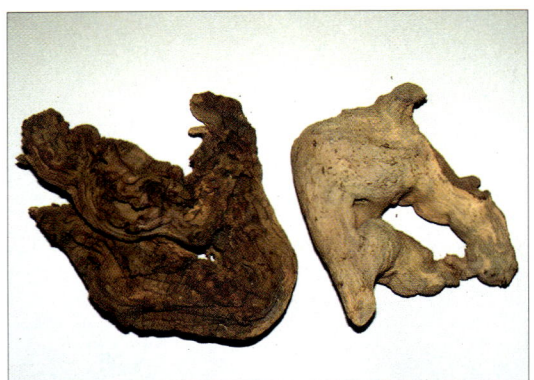

Savannenholz (Handelsname) Foto: T. Wilms

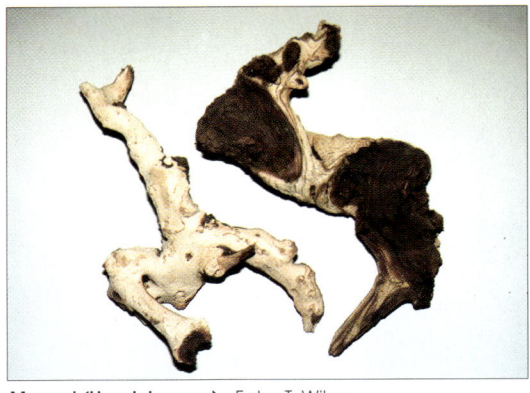

Mopani (Handelsname) Foto: T. Wilms

Moorkienwurzeln Foto: T. Wilms

Zierkorkröhren Foto: T. Wilms

Daneben ist im Handel eine ganze Reihe Holzarten für die Terrariendekoration erhältlich, die alle gut für die Einrichtung von Trockenterrarien geeignet sind (Handelsnamen: Java- und Sumatra-Treibholz, Opuwa-Holz, Mopani-Holz, Savannenholz und Savannenbusch, Mangrovenwurzeln, Moorkienwurzel, Äste der Korkeiche).

Holzarten für das halbfeuchte und feuchte Terrarium

Bei der Auswahl des Holzes für die Einrichtung halbfeuchter und feuchter Terrarien muss etwas mehr Sorgfalt an den Tag gelegt werden als bei einem Trockenterrarium. In diesen Terrarien herrscht in der Regel eine hohe Luftfeuchtigkeit, und es wird einmal bis mehrmals am Tag gesprüht. Es ist daher wichtig, eine Holzart zu wählen, die möglichst fäulnisfest ist und nicht zu schnell zerfällt. Bewährt haben sich beispielsweise die Äste von Robinien, von verschiedenen Obstbäumen (Apfel, Birne) und Eichen sowie Rebholz. Daneben kann auch das Holz verschiedener Koniferenarten, vor allem von Wacholder und Zypressen, verwendet werden. Auch einige der im Handel angebotenen Holzarten eignen sich hervorragend für die Dekoration von Feuchtterrarien. Hier ist an erster Stelle die Korkeiche zu nennen, von der sowohl Rindenstücke (Zierkork) als auch ganze Äste erhältlich sind. Daneben können auch Moorkienholz, Mangrovenholz, Bambus sowie die im Handel als Sumatra- und Java-Treibholz angebotenen Hölzer verwendet werden. Für die Gestaltung kleinerer

Kaktusholz Foto: T. Wilms

Bambus Foto: T. Wilms

Epiphytenast Foto: P. Nowak

Terrarien eignen sich auch die im Handel erhältlichen Xaximstämme.

Der Epiphytenstamm

Bei vielen Bewohnern feuchter Regenwaldhabitate trägt eine üppige Bepflanzung des Terrariums zur Erhöhung des Wohlbefindens bei, sodass es vor allem bei der Pflege kleinerer Arten möglich und sinnvoll ist, das Terrarium zu bepflanzen. Eine schöne Variante, ein Terrarium mit Pflanzen zu gestalten, ist der Epiphytenstamm. Epiphyten sind so genannte Aufsitzerpflanzen, die auf anderen Pflanzen, meist Büschen und Bäumen, wachsen, ohne diesen Nahrung zu entziehen. Epiphytisch wachsende Pflanzen sind beispielsweise Ananasgewächse (Bromeliaceen), Farne, Orchideen, aber

auch einige Blattkakteen. Bei der Auswahl des Astes für die Gestaltung eines Epiphytenstammes muss darauf geachtet werden, dass es sich um ein möglichst fäulnisfestes Holz handelt. Geeignet sind Robinie, Korkeiche, Apfel- und Birnbaum sowie für kleinere Terrarien auch Wacholder und Moorkienwurzeln (BRÜNNER 1981, 1982; GRUNWALD & KEMP 1995j). In stärkeren Ästen kann man entsprechende Pflanzplätze für die Aufsitzerpflanzen vorsehen, indem man ausreichend große Löcher bohrt oder fräst, in die dann die Wurzelballen der Pflanzen mit etwas Substrat eingesetzt werden können. Es ist dabei besonders wichtig, dass man einige kleine Löcher durch den Stamm hindurch bohrt, damit überschüssiges Wasser wieder abfließen kann (STABÉN 1993). Es darf auf kei-

Befestigung für waagerechte Kletteräste aus Presskork, der mit Silikon auf die Seitenscheiben des Terrariums aufgeklebt ist. Foto: T. Wilms

Mit Silikon an der Scheibe verklebter Bambus. Um die Klebenaht zu kaschieren, wurden Kokosfasern (aus einer Kokosfasermatte) mit Silikon aufgeklebt. Foto: T. Wilms

nen Fall Staunässe entstehen. Diese Vorgehensweise eignet sich jedoch nur für sehr dicke, stabile Stämme, da ansonsten das Ausfräsen von Pflanzlöchern die Lebensdauer des Astes zu stark verringern würde. Eine bessere Methode, die Pflanzen zu befestigen, ist das Aufbinden. Man sollte versuchen, die Pflanzen bevorzugt an natürlichen Vertiefungen, wie z. B. Astgabeln, zu befestigen. Als Bindematerial eignen sich hervorragend in Streifen geschnittene Damenstrümpfe aus Nylon, aber auch Nylonfäden. Draht sollte zur Vermeidung von Verletzungen der Tiere nicht verwendet werden. In Streifen geschnittene Nylonstrümpfe haben den Vorteil, dass sie elastisch sind und man dadurch verhindern kann, dass Teile der Pflanze gequetscht werden oder Druckstellen entstehen (BRÜNNER 1982). Vor dem Aufbinden sollten die Wurzelballen der Pflanzen von überschüssigem Erdmaterial befreit und mit Moos umwickelt werden, das mit dem geeigneten Bindematerial befestigt wird.

Detaillierte Beschreibungen und Anleitungen zum Aufbinden von Bromelien finden sich bei SCHWARZ & SCHWARZ (2001 & 2003) sowie bei BRÜNNER (1981, 1982), MÖHLMANN (1983) und STABÉN (1993). Neben der Verwendung von Pflanzen als Einrichtungs- und Strukturgegenständen in einem Terrarium spielen lebende Pflanzen auch bei der Erzeugung und Aufrechterhaltung des benötigten Terrarienklimas eine große Rolle.

Holz für den Einsatz im Aquarium

Bei der Einrichtung des Wasserteils eines großen Paludariums, der auch mit Fischen besetzt werden soll, muss man sich von einigen Grundsätzen aus der Aquaristik leiten lassen. So sollten beispielsweise nur bestimmte Hölzer verwendet werden (z. B. Moorkien- und Mangrovenholz). Auf keinen Fall darf man sich dazu verleiten lassen, knorriges Wurzelholz aus einem Bach zu verwenden. Dieses Holz mag zwar auf den ersten Blick geeignet erscheinen, ist es doch gewässert und manchmal auch bereits ausgebleicht. Für die Aquariendekoration ist es jedoch absolut ungeeignet. Solches Holz beginnt innerhalb kürzester Zeit im Aquarium zu faulen. Durch diese Fäulnisprozesse wird das Aquarienwasser belastet und ihm werden erhebliche Mengen Sauerstoff entzogen.

Demgegenüber kann man Moorkienholz bedenkenlos verwenden. Es handelt sich dabei nicht um eine einheitliche Holzsorte, sondern um konservierte und im Torf eingelagerte Reste der ursprünglichen Vegetation einer Moorlandschaft. Mehrheitlich sind das Reste von Kiefer, Fichte, Birke und Erle, wobei Letztere sehr weich sind und daher für eine Nutzung im Aquarium nicht in Frage kommen. Da das Moorkienholz Jahrtausende unter Sauerstoffabschluss im Torf gelegen hat, ist eine Fäulnis ausgeschlossen, und die Huminstoffe des Torfs haben das Holz pilz- und bakterienhemmend imprägniert (WENDENBURG 1999).

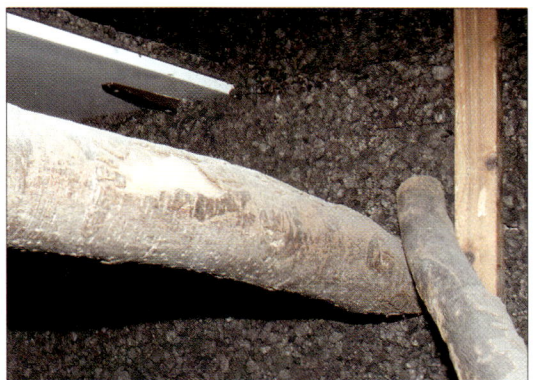

Waagerechter Kletterast für Großechsen. Der Ast ist mit Stahl-winkeln an der Wand verdübelt. Die Liegebretter bestehen aus PVC-Platten und sind mit Regalwinkeln an der Wand ver-ankert. Die Auflage besteht aus Presskork.   Foto: T. Wilms

Von der Raumdecke mit einem Gewindestab abgehängter Ast. Um das Verletzungsrisiko für die Tiere zu vermindern, wurde die Gewindestange mit einem handelsüblichen Wasserschlauch ummantelt.   Foto: T. Wilms

Moorkienholz ist im Zoofachhandel erhältlich, man kann es jedoch auch in Gegenden, in denen noch Torf abgebaut wird, selbst sammeln (MOR-CHE 1992). Die einzige Vorbehandlung, die bei Moorkienholz nötig ist, ist eine Reinigung von an-haftendem Schmutz und Torf. SCHAEFER (2002b) empfiehlt hingegen eine ausgiebige Wässerung der Moorkien-Wurzeln, um evtl. vorhandene Schadstoffe auszulaugen.

Das im Handel erhältliche Mangrovenholz stammt meist von den Stelzwurzeln der Mangroven-pflanzen. Das Holz ist sehr widerstandsfähig gegen-über dauerhafter Feuchtigkeit und Nässe, sollte je-doch vor der Verwendung zunächst längere Zeit in einem separaten Behälter gewässert werden, um das enthaltene Meersalz und Gerbstoffe auszulaugen.

In den letzten Jahren kann man im Fachhandel un-ter verschiedenen Namen (Mopani, Opuwa, Eisen-holz, Treibholz) immer wieder unterschiedliche Hölzer finden (SCHAEFER 2002a). Das Problem da-bei ist, dass die Zuordnung eines Namens zu einer Holzart nicht konstant ist, Mopani kommt z. B. auch unter dem Namen „Eisenholz" in den Han-del. Von diesen Hölzern ist echtes Mopani beden-kenlos für den Einsatz im Aquarium oder im Was-serteil eines Terrariums geeignet. Es stammt meist aus Namibia oder Südafrika und zeichnet sich durch ein hohes Gewicht, eine knorrige Struktur und häufige Zweifarbigkeit aus. Grundsätzlich

sollten diese Hölzer vor der Verwendung ausgiebig gewässert werden (SCHAEFER 2002a).

→ Verarbeitung

Wie alle Dekorationsgegenstände in einem Terrari-um müssen auch Gestaltungselemente aus Holz gut befestigt werden. Dabei ist es besonders wichtig, dass alle Stämme, Äste, Wurzeln und Baumstümpfe sowohl gegen das Untergraben durch die Pfleglinge als auch gegen ein Umkippen gesichert werden.

Ersteres lässt sich bewerkstelligen, indem man den Einrichtungsgegenstand, noch bevor der Bo-dengrund eingefüllt wird, direkt auf den Boden des Terrariums oder auf ein festes Fundament (Ziegel-steine) stellt. Auf keinen Fall dürfen schwere Ein-richtungsgegenstände nur auf das Substrat gestellt oder gelegt werden, da vor allem grabende Tiere ver-suchen werden, sich unter einer Wurzel oder einem anderen Gegenstand eine Höhle anzulegen. Dann besteht die Gefahr, dass der Einrichtungsgegenstand abrutscht und das Tier im schlimmsten Fall erdrückt.

Ein wichtiges Thema ist auch die Befestigung der Kletteräste. Frei stehende, stark verzweigte Kletteräste können mit einem Fuß aus einer Holz- oder Betonplatte gegen ein Umkippen gesichert werden. Man sollte sich immer die zu erwartende Maximalbelastung eines solchen „Baumes" vor Augen führen und die Befestigung danach ausrich-ten. Gerade die Belastung durch einen üppigen

Ausgehöhlter Baumstamm als Versteckplatz und Klettergelegenheit Foto: T. Wilms

nem Stück Wasserschlauch ummantelt werden, damit sich Tiere daran nicht verletzen können. In kleineren Terrarien kann man solche Äste zwischen den Seitenwänden einbringen, indem man auf jeder Seite ein aus Presskork gefertigtes Befestigungselement mit Silikon einklebt, sodass der Ast einfach eingehängt werden kann. Bambusstäbe befestigt man am besten mit einigen Tupfern Silikon, das evtl. mit Kokosfasern etwas kaschiert werden kann.

In kleineren Terrarien können die Kletteräste einfach zwischen dem Terrarienboden und der Decke oder den Seiten des Terrariums eingeklemmt und mit etwas Silikon festgeklebt werden. Wenn eine als Felswand gestaltete Rückwand vorhanden ist, kann der Kletterast auch mit etwas Mörtel befestigt werden. Eine sichere und dauerhafte Befestigung eines Kletterastes oder einer Zierkorkröhre lässt sich durch die Verwendung von Epoxidharz erreichen. Dazu wird das Harz mit einem Verdickungsmittel pastös eingestellt und die noch frische Verklebung z. B. mit Korkgrus bestreut.

Steine und Steinplatten als Gestaltungsmaterialien in Terrarien

Steine eignen sich hervorragend für die Dekoration trockenwarmer Terrarien, während sie in Feuchtterrarien nur sehr zurückhaltend eingesetzt werden. Grundsätzlich hängt der Einsatz von Gestaltungselementen aus Stein jedoch von den Lebensgewohnheiten der gepflegten Tiere ab. Felshaufen können den Tieren zum einen als Klettermöglichkeiten dienen, zum anderen können geeignete Versteck-, Rückzugsmöglichkeiten und Sichtbarrieren für die Pfleglinge geschaffen werden. Alle Versteckplätze müssen aber jederzeit gut kontrollierbar sein. Es empfiehlt sich daher, die Versteckplätze mit abnehmbaren Abdeckungen zu versehen.

Daneben können Steine bei geschicktem Einsatz dazu beitragen, im Terrarium den benötigten Temperaturgradienten aufzubauen. Grundsätzlich nehmen Steine die Wärme langsam auf und speichern sie für längere Zeit. Es bietet sich daher an, wenn mehrere Wärmelampen in einem Terrarium installiert sind, unter einem der Strahler eine Steinplatte oder Ähnliches zu platzieren, während

Epiphytenbestand oder durch ein etwas größeres Terrarientier sollte nicht unterschätzt werden.

Baumstämme können entweder mit anderen Stämmen oder mit einer Terrarienwand verschraubt werden, um sie fest zu installieren. Man sollte jedoch nur Edelstahlschrauben verwenden, die gegenüber der Feuchtigkeit relativ unempfindlich sind. Eine sehr gute Möglichkeit, waagerechte Äste in einem Großterrarium zu befestigen, besteht darin, sie mit Gewindestangen von der Decke abzuhängen. Die Gewindestangen können mit ei-

Terrarienanlage für Spaltenschildkröten und die Schildechse *Gerrhosaurus validus* **(Übersicht)**   Foto: F. Schmidt

Felsaufbau für Spaltenschildkröten   Foto: F. Schmidt

der zweite Strahler z. B. auf eine Oberfläche aus Holz gerichtet wird. Durch eine solche Anordnung können den Tieren im Terrarium sehr unterschiedliche thermische Umgebungen geboten werden, die es ihnen ermöglichen, ihre Körpertemperatur durch durch Wechseln des Aufenthaltsortes zu regulieren.

Für die Terrariendekoration eignet sich eine ganze Reihe von Steinarten (Sandstein, Schiefer, Porphyr, Granit, Quarzit, Basalt, Tuffstein, Lavagestein). Oft erzielt man einen naturnäheren Eindruck, wenn man jeweils nur eine Gesteinsart für ein Terrarium verwendet. Bei den verwendeten Steinen muss darauf geachtet werden, dass keine scharfen Kanten vorhanden sind, und die Oberfläche sollte bei der Haltung vieler Arten nicht allzu rau sein.

Besonders bei der Auswahl von Steinen für Wasserbecken in Paludarien, die auch mit Fischen besetzt werden sollen, muss man einige Regeln beachten. Kalkhaltige Gesteine härten das Wasser beispielsweise sehr stark auf. Auf keinen Fall dürfen sie zur Dekoration von Becken benutzt werden, die mit Fischen aus den großen Regenwaldflüssen besetzt werden sollen. Allenfalls bei der

Terrarium für *Varanus tristis*. Die Rückwand besteht aus Zierkorkplatten; als zusätzliche Klettermöglichkeit wurde ein „Termitenhügel" aus Zement aufmodelliert. Foto: T. Wilms

Diese Höhle besteht aus einem Gerüst aus Ziegeldrahtgewebe, das mit Beton beschichtet wurde. Foto: T. Wilms

Der Vorderteil kann problemlos entfernt werden. Foto: T. Wilms

Haltung von Buntbarschen aus den großen ostafrikanischen Seen kann solches Material verwendet werden. Ein einfacher Test, der Rückschlüsse auf den Kalkgehalt der betreffenden Steinart ermöglicht, ist das Beträufeln mit einer Säure (Salzsäure, Essigessenz): Steine, die dann zu schäumen beginnen, enthalten Kalk und sind nicht geeignet. Eine sehr schöne Übersicht über verschiedene Gesteinsarten gibt RUDOLPH (1997, 1998).

Wie bereits in Verbindung mit dem Bau von Felswänden aus Naturstein erwähnt, müssen auch aufgeschichtete Steinhaufen in jedem Fall mit Zement fest miteinander verbunden werden, da lose aufgeschichtete Steine eine große Gefahr für die Pfleglinge darstellen. Ein weiterer wichtiger Grundsatz bei der Terrariendekoration ist es, dass mit dem Aufbau von Felsformationen immer direkt auf der Bodenplatte begonnen werden muss. Bei Vollglasterrarien sollte man jedoch, um ein Springen der Bodenscheibe zu verhindern, als unterste Schicht eine dünne Styroporplatte oder eine Kunststoffmatte einlegen, wie sie beispielsweise im Aquaristikzubehörhandel als Aquarienunterlage angeboten werden. Durch den Aufbau der Steine direkt auf der Bodenplatte bzw. auf der Styropor- oder Kunststoffmatte wird verhindert, dass die Pfleglinge unter den Steinen Gänge und Höhlen anlegen können. Allzu leicht brechen diese sonst zusammen und zerquetschen das Tier.

Es ist natürlich auch möglich, frei stehende Felsformationen, Versteckplätze, künstliche Termitenhaufen und Klettergelegenheiten aus Kunstfelsen zu gestalten. Hier eignen sich am besten die Methoden auf Styropor-, Styrodur- und Polyurethan-Basis. Die Arbeitsabläufe entsprechen genau denen, die beim Bau von Rückwänden beschrieben wurden.

Aus Gewebe aufgebaute Grundform eines „Baobab-Baumes" (hier 6-Eck-Gewebe – sogenannter Kaninchendraht)

Die Form wird mit PU-Schaum ausgeschäumt.

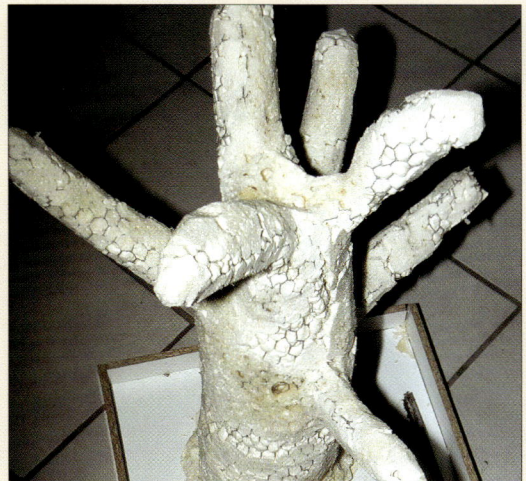

Der überschüssige, ausgehärtete PU-Schaum wird mit einem Cuttermesser abgeschnitten.

Der „Baum" wird mit Weißleim und Kokosfasern beschichtet (alternativ mit Harz und gemahlener Rinde) Foto: T. Wilms

Weitere Gestaltungselemente für das Terrarium

Künstliche Bäume aus Polyurethan-Schaum, Styropor und Styrodur

Sehr schöne künstliche Bäume lassen sich aus Polyurethan-Schaum, aber auch aus Styropor bzw. Styrodur herstellen. Bei der Herstellung eines Baumes aus Polyurethan-Schaum ist es zweckmäßig, zunächst aus Draht ein Gerüst zu formen, das der gewünschten Form des Baumes entspricht. Dazu eignet sich ein relativ weiches Drahtgeflecht, das in Baumärkten erhältlich ist (Kaninchendraht). In dieses Drahtgerüst wird der Polyu-

HT-Rohre eignen sich gut um künstliche Äste herzustellen. Die Rohre werden miteinander verbunden ...

... und Naturmaterial (bspw. Kokosfasern, gemahlener Rindenmulch) mit einem geeigneten Kleber (bspw. PU-Kleber) aufgeklebt (siehe Terrarium S. 15). Fotos: P. Nowak

rethan-Schaum eingespritzt. Nach der Aushärtung können seine Konturen mit einem scharfen Messer nachgearbeitet werden. Die Oberfläche wird am besten mit einer Schicht Epoxidharz versiegelt und verfestigt. Die Struktur kann durch das Beimengen von Korkgrus und gemahlener Rinde naturähnlich gestaltet werden. Die Bearbeitung der Oberfläche entspricht der Vorgehensweise bei der Gestaltung von Rückwänden (vgl. Kap. 3.4).

Entscheidet man sich für Styropor oder Styrodur als Trägermaterial, dann erübrigt sich die Herstellung eines Drahtgerüstes. Bei der Verwendung dieser beiden Materialien kann die gewünschte Form des Baumes direkt aus einem Block herausgearbeitet werden. Auch bei diesen beiden Materialien muss die Oberfläche mit einer geeigneten Methode versiegelt werden, am besten mit Epoxidharz und einem Naturstoff.

Einige kommerzielle Einrichtungsgegenstände

Neben den gängigen, seit vielen Jahren im Terraristikhandel gut eingeführten Einrichtungsgegenständen – wie verschiedene Bodensubstrate, Xaxim, Torfplatten, Zierkork, Presskork, verschiedene Steinarten und Hölzer sowie künstliche Rückwände – gibt es heute eine ganze Palette an neuen Produkten, die z. T. sinnvoll und auch brauchbar sind. So werden beispielsweise Pflanzschalen aus Kunststoff in naturähnlicher Optik oder aus Kokosfaser angeboten, mit denen man – im Zusammenspiel mit anderen Materialien und Methoden – auch recht ansprechende und sinnvolle Terrarieneinrichtungen erstellen kann. Brauchbar sind aus meiner Sicht auch viele der im Handel verfügbaren künstlichen und natürlichen Versteckplätze. So bekommt man mittlerweile aus Kokosnussschalen gefertigte Verstecke für die Haltung etwa von Pfeilgiftfröschen, ausgehöhlte Halbstämme aus Naturholz und Höhlen aus Kunstharz in Felsoptik, die durchaus ihre Berechtigung in der Tierhaltung haben. Seit kurzer Zeit gibt es auch Verstecke, die aus einer aus porösem Material gefertigten Höhle bestehen, die mit einem Wasservorratsbehälter kombiniert ist. Durch diesen Wasservorrat wird die Wandung der Höhle permanent feucht gehalten und somit die Feuchtigkeit innerhalb der Höhle erhöht. Sehr gute Dienste leisten auch die Wassernäpfe aus Kunststoff in Felsoptik. Diese in unterschiedlichen Größen erhältlichen Wassergefäße fügen sich sehr gut in ein naturnah gestaltetes Terrarium ein und sind aufgrund ihrer unempfindlichen Oberfläche sehr gut zu reinigen. Inzwischen sind auch viele unterschiedliche, z. T. hervorragend gearbeitete Kunstpflanzen im Terra-

Kunstpflanzen eignen sich unter bestimmten Bedingungen sehr wohl zur Gestaltung von Terrarien. Foto: T. Ackermann

ristikhandel erhältlich. Ob man solche Kunstpflanzen wirklich in einem Terrarium verwenden sollte, ist sicherlich eine Geschmacksfrage, die nicht einfach zu beantworten ist. Ich bin der Meinung, dass diese Produkte nur eingesetzt werden sollten, wenn lebende Pflanzen aufgrund der von den Tieren verursachten Beanspruchung nicht verwendet werden können. In allen anderen Fällen ist lebenden Pflanzen aufgrund der positiven Auswirkungen auf das Terrarienklima der Vorzug zu geben.

Problematisch sehe ich Produkte wie elektrische Heizsteine und „Hängematten" aus Netzgewebe. Bei den Heizsteinen kann die Gefahr einer regionalen Verbrennung für das Tier bestehen, während ich den mit Saugnäpfen an den Glaswänden befestigten „Hängematten" aus grundsätzlichen Erwägungen nichts Positives abgewinnen kann. Zum einen kann aus meiner Sicht für das Tier eine Verletzungsgefahr entstehen, wenn sich die Saugnäpfe von der Glasunterlage lösen und Hängematte und Pflegling abstürzen. Zum anderen besteht die Gefahr, dass sich Tiere mit den Krallen im Gewebe verhaken und sich diese ausreißen.

Wasserbecken für Nordamerikanische Wasserschildkröten. Man beachte die unterschiedlich hohe Uferbegrenzung, die den Tieren den Ausstieg nur in bestimmten Bereichen gestattet (Zoo Frankfurt). Foto: T. Wilms

3.6 Wasserbecken

Geeignete Wasserbecken sind für eine artgerechte Tierhaltung unverzichtbar. Die Auswahl muss sich im Hinblick auf die Größe und Beschaffenheit stets nach den Ansprüchen der jeweiligen Art richten. Von besonderer Bedeutung ist beispielsweise die Frage nach der Art der Nutzung eines Wasserbeckens durch die gepflegten Tiere (terrestische, semiaquatische oder aquatische Lebensweise).

Flüsse, Bäche, Seen, Sümpfe und Moore sind sehr unterschiedliche, aber für viele Reptilien und Amphibien wichtige Lebensräume. Sie unterscheiden sich beispielsweise in der Wassertemperatur, der Fließgeschwindigkeit, den chemischen Wasserparametern sowie in der jahreszeitlichen Verfügbarkeit des Wassers. Für die Haltung von Amphibien und Reptilien ist besonders die Wassertemperatur von Bedeutung. Da einige Amphibienarten (bspw. Riesensalamander, *Andrias* spp.) an relativ niedrige Temperaturen (ca. 5–15 °C) angepasst sind, ist für ihre Haltung oft eine Wasserkühlung notwendig. Höhere Temperaturen werden zwar kurzfristig vertragen, bereiten den Tieren aber sichtlich Unbehagen. Andere Arten sind

Ansicht des Uferbereiches eines Paludariums. Das Ufer ist mit eingefärbtem PU-Schaum gestaltet und teilweise mit Moos überwachsen (Staatliches Museum für Naturkunde Karlsruhe/Vivarium). Foto: T. Wilms

weniger empfindlich gegenüber höheren Wassertemperaturen (bspw. Axolotl, *Ambystoma mexicanum*) und tolerieren Temperaturen zwischen 10 und 25 °C (WISTUBA 2000). Für die Haltung der meisten Reptilienarten werden jedoch höhere Wassertemperaturen benötigt, je nach Spezies etwa zwischen 24 und 30 °C. Ebenfalls wichtig ist die Wasserchemie, wobei Reptilien in dieser Beziehung deutlich widerstandsfähiger sind als Amphibien. Man sollte jedoch in jedem Fall darauf achten, den Tieren auch in dieser Beziehung möglichst natürliche Umweltbedingungen zu bieten. Ein falscher pH-Wert des Wassers und/oder eine zu hohe Schadstofflast des Wassers (nachweisbar durch hohe Nitrat- und Nitrit-Werte) können zu ernsthaften Erkrankungen der Haut, des Panzers, der Augen oder der äußeren Kiemen führen. Für viele Amphibienarten sollte der pH-Wert leicht alkalisch sein (pH 7–8), wobei es jedoch auch Arten aus Extremlebensräumen gibt, die Werte von pH 3,4 ertragen (Kap-Krallenfrosch, *Xenopus gilli*; vgl. KUNZ 2003).

Ein weiterer wichtiger Parameter für die artgerechte Haltung von Amphibien und Reptilien ist die jahreszeitliche Verfügbarkeit des Wassers. In vielen Lebensräumen gibt es deutlich unterscheidbare Jahreszeiten in Form von Regen- und Trockenzeiten. Bei der Haltung von Arten aus diesen Gebieten sollte man versuchen, diese jahreszeitlichen Veränderungen des Lebensraumes zu imitieren. Die Fließgeschwindigkeit des Wassers spielt bei der Haltung der meisten Amphibien- und Reptilienarten eine eher untergeordnete Rolle. Man sollte jedoch darauf achten, dass man die Zuläufe der Filteranlage in Aquarien für Arten, die nicht an schnell fließende Gewässer angepasst

Uferbereich eines betonierten Wasserbeckens Foto: T. Wilms

sind, so gestaltet, dass keine hohen Strömungsgeschwindigkeiten entstehen.

Für an das Leben in der Spritzwasserzone von Wasserfällen angepasste Amphibienarten kann man mit Hilfe einer entsprechenden Pumpe einen solchen Biotop relativ einfach imitieren.

Je nach Grad der Bindung an das Wasser muss man unterschiedliche Typen von Becken im Terrarium vorsehen (Trinkgefäße, herausnehmbare Wasserwannen, fest installierte Wasserbecken, integrierte Aquarien) oder man muss die Art in einem Aquarium halten.

Die einfachsten Wasserbecken sind Trinkgefäße. Es eignen sich Blumenuntersetzer aus Ton oder Kunststoff, Trinknäpfe aus dem Zoofachhandel, die es mittlerweile auch in recht ansprechender Felsoptik gibt, und, z. B. für verschiedene Geckoarten, auch Vogeltränken. Diese Gefäße sollten immer

mit frischem Wasser gefüllt sein und regelmäßig gründlich gereinigt werden. Daher sind Gefäße mit einer glasierten Innenfläche zu bevorzugen.

Bei der Haltung von Chamäleons hat sich der Einsatz von so genannten Tropftränken bewährt. Dabei handelt es sich um einen Wasservorratsbehälter, der mit einem Schlauch verbunden ist, dessen Durchfluss mit einer Klemme reguliert wird. Trinkgefäße sollten so gewählt werden, dass sie von den Tieren nicht verschoben oder umgekippt werden können.

Während die Bereitstellung eines Trinkgefäßes oder einer kleineren, herausnehmbaren Wasserwanne sehr einfach zu bewerkstelligen ist, benötigt man für den Bau und die Gestaltung größerer Wasserbecken in einem Terrarium immer eine gewissenhafte Planung. Dabei sind folgende Anforderungen unbedingt zu erfüllen:

Betoniertes Großbecken für Schienenschildkröten (*Erymnochelys madagascariensis*) (Zoo Landau)   Foto: T. Wilms

1. Ein Becken, das fest in einem Terrarium integriert ist, sollte nach Möglichkeit immer über einen Abfluss verfügen. Dessen Installation richtet sich natürlich stark nach der Bauweise des Terrariums und des Wasserbeckens. Bei Vollglasterrarien mit eingeklebtem Wasserteil aus Glas sollte man sich vom Hersteller bereits entsprechende Bohrungen in der Bodenscheibe anbringen lassen. Diese werden, mit entsprechenden Durchführungen und Verschraubungen, mit einem handelsüblichen PVC-Rohrsystem verbunden, wie es in der Aquaristik seit langem üblich ist. Für diese Rohre gibt es passende Kugelhähne, sodass damit eine absolut dichte Verbindung zu realisieren ist.

Eine weitere Möglichkeit ist die Verwendung handelsüblicher Abflüsse für den Sanitärbereich, die mit normalen HT-Rohren aus dem Baumarkt bestückt werden. Diese Lösung hat den Nachteil, dass es für HT-Rohre keine Absperrhähne gibt. Aus diesem Grund sollte diese Variante nur gewählt werden, wenn die Möglichkeit besteht, das Wasserbecken direkt an den Abfluss des Hauses anzuschließen. Grundsätzlich sollte der Abfluss immer am tiefsten Punkt des Wasserbeckens installiert werden.

2. Die Oberfläche eines Wasserbeckens muss mindestens drei Anforderungen genügen: Sie muss so gestaltet sein, dass eine gründliche Reinigung möglich ist. Sie muss in der Regel griffig sein, damit sich das Tier sicher bewegen kann, und es dürfen keine stark saugenden Materialien verwendet werden. Die letztgenannte Forderung soll verhindern, dass Wasser aufgrund der Kapillarwirkung kontinuierlich über den Beckenrand gesaugt wird und dies zu einer Versumpfung des Landteils führt.

Blumenuntersetzer eignen sich für viele Kleintiere als Trinkgefäß. Foto: T. Wilms

In ein Terrarium integrierter Wasserteil (PU-Schaum mit Harzversiegelung) Foto: T. Wilms

Wasserschale aus Kunststoff in Felsoptik Foto: T. Wilms

Ein in einem Glasterrarium fest eingebautes Wasserbecken aus Glas kann problemlos gereinigt werden. Ein Problem ist jedoch die glatte Oberflächenstruktur. Man sollte, so dies beim entsprechenden Terrarienpflegling notwendig ist, auf jeden Fall dafür sorgen, dass entsprechende Materialien im Becken den Tieren einen sicheren Halt geben. Man kann z. B. Steinplatten und Kunstrasenmatten als Bodengrund einbringen oder eine fest installierte Ufergestaltung einbauen.

3. Ufergestaltung

Der Randbereich eines Wasserbeckens muss so gestaltet sein, dass es den Tieren ohne Anstrengungen möglich ist, das Becken zu verlassen. Die wich-

tigsten Faktoren hierbei sind eine nicht zu steile „Uferböschung" und ein griffiges Material als Untergrund. Um den Tieren den Ausstieg zu erleichtern, kann man eine oder mehrere Seiten des Wasserbeckens mit natürlichen oder künstlichen Materialien gestalten. An natürlichen Materialien kommen Steine, Äste, Wurzeln und Korkrinden in Frage, wobei man selbstverständlich darauf achten muss, dass die Äste und Wurzeln dem ständigen Einfluss des Wassers widerstehen müssen. Es ist ist aber auch möglich, eine komplette Uferlandschaft z. B. in einer Kombination aus Polyurethan-Schaum, Epoxidharz, Steinen und Sand herzustellen.

4. Die Größe des Wasserbeckens muss der Größe und den Lebensgewohnheiten der gepflegten Tiere entsprechen. Sehr stark an das Wasser gebundene Arten benötigen selbstverständlich größere Wasserbecken als solche, die das Wasser nur gelegentlich für kurze Zeit aufsuchen. Arten, die in der Natur ausgiebig schwimmen, muss ausreichend Schwimmraum angeboten werden.

5. Die technische Ausstattung eines Wasserbeckens muss den Anforderungen der Pfleglinge entsprechen. Es muss möglich sein, das Wasserbecken durch eine ausreichend starke Heizung auf geeigneten Temperaturen zu halten. Es stehen unterschiedliche Heizgeräte zur Verfügung (Heizmatten,

Kleine Wasserlaacken können aus Styroporplatten und Epoxidharz hergestellt werden. Foto: T. Ackermann

Stabheizer, Filter mit integrierter Heizung). Eine Filterung ist nur dann sinnvoll, wenn die zu erwartende Verschmutzung des Wasserbeckens relativ gering ist (bei der Haltung von Frosch- und Schwanzlurchen oder kleineren Echsen) und durch die Filterung eine gleichbleibend hohe Wasserqualität gewährleistet ist. Bei Wasserbecken, die der Haltung von Großleguanen, Riesenschlangen, Krokodilen, Großwaranen und großen wasserbewohnenden Schildkröten dienen, erübrigt sich aufgrund der sehr hohen organischen Belastung des Wassers, die von handelsüblichen Filtersystemen nicht mehr bewältigt werden können, eine Filterung. Diese Tiere setzen ihren Kot meist im Wasser ab, das daher häufig gewechselt werden muss, um eine ausreichende Wasserqualität zu gewährleisten.

Wenn eine Filteranlage in einem großen Wasserbecken installiert werden soll, z. B. im Wasser-

teil eines Paludariums, dann sollte man versuchen, das Wasser über eine Oberflächenabsaugung abzuleiten. Durch diese Technik kann man die so genannte Kahmhaut, die sich auf der Wasseroberfläche bildet, sehr effektiv bekämpfen. Der Stutzen einer Oberflächenabsaugung muss jedoch immer gegen das Eindringen von Tieren gesichert sein. Als einfacher Schutz eignen sich Lochplatten aus Kunststoff oder Aluminium.

Eine eingehendere Vorstellung der Möglichkeiten, ein Wasserbecken zu beheizen und zu filtern, befindet sich in Vorbereitung.

Unterschiedliche Wasserbecken

SCHLEICH (1978) beschreibt den Bau von Wasserbecken unter der Verwendung von Polyesterharz und einer formgebenden Komponente, in seinem Fall

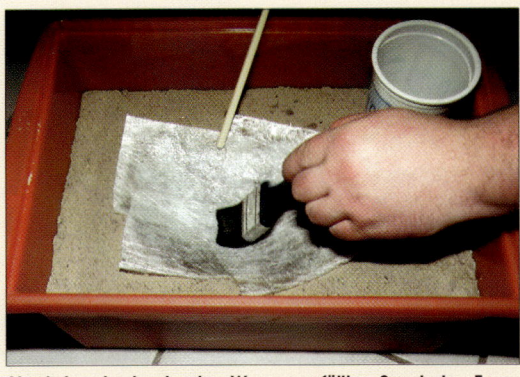

Nachdem in den in eine Wanne gefüllten Sand eine Form modelliert wurde, laminiert man diese mit Harz und Glasfasermatten aus.

Die noch feuchte Form wird mit Sand abgestreut, der beim Aushärten eingebunden wird.

Das fertige Wasserbecken kann dann in das dafür vorgesehene Terrarium eingebracht werden. Foto: T. Wilms

Ton oder Zeitungspapier. Das Prinzip ist denkbar einfach. Auf den Terrarienboden wird mit Hilfe der formgebenden Komponente die Grundform des Beckens modelliert und die gesamte Konstruktion anschließend mit Polyesterharz und Glasfasermatten einlaminiert. Statt Polyesterharz kann selbstverständlich auch Epoxidharz verwendet werden. Bei der Verwendung dieser Methode muss jedoch auf jeden Fall darauf geachtet werden, dass die Oberfläche des Terrarienbodens geeignet ist, um mit dem verwendeten Harz eine Verbindung einzugehen. Im Zweifelsfall sollte dies durch einen Test überprüft werden. An Stelle der von SCHLEICH verwendeten Materialien können auch andere genutzt werden: Als formgebende Komponente eignet sich z. B.

Polyurethan-Schaum, mit dem man die Form des Wasserbeckens sehr gut modellieren kann.

Neben fest in das Terrarium integrierten Wasserbecken können auch verschiedene andere Behälter als Wasserbecken verwendet werden. Es eignen sich Kunststoffbehälter wie Fotoschalen oder Kunststoffschalen aus dem Gärtnereibedarf. Solche Behälter sind jedoch aufgrund des fehlenden Ablaufs nur sehr umständlich zu leeren und zu reinigen und sollten daher nur in kleinen bis mittelgroßen Terrarien Verwendung finden. Aus meiner Sicht sollten alle Wasserbecken mit einem Fassungsvermögen über 10 l mit einem Abfluss ausgestattet sein, der mit einem Absperrhahn versehen ist.

Kleine und kleinste Wasserbecken lassen sich aus Styropor oder Styrodur herstellen (KOFAL 1986). Dazu werden in die Platten Vertiefungen eingearbeitet, und man versiegelt die Oberfläche mit Epoxidharz, der im feuchten Zustand zur Gestaltung der Oberfläche mit einem Naturstoff abgestreut wird.

Zur Herstellung maßgeschneiderter Wasserbecken aus GFK (glasfaserverstärkter Kunststoff) benötigt man einen Behälter, der mit feuchtem Sand gefüllt werden kann. In diese Sandschicht modelliert man die Form des gewünschten Wasserbeckens, die man anschließend mit Glasfasermatten und einem geeigneten Harz (Polyester- oder Epoxidharz) auslaminiert. Es sollten mindestens 2–3 Glasfaserschichten eingebracht werden. Die Oberfläche des Wasserbeckens kann mit Sand abgestreut werden, um eine naturähnliche Oberfläche zu erhalten. Mit dieser Methode hergestellte Wasserbecken können angebohrt werden, um einen Wasserablauf zu installieren. Das fertige Becken wird entweder in den Bodengrund des Terrariums eingesenkt, oder man stellt es auf den Boden des Terrariums und füllt die Hohlräume unter dem Becken mit Polyurethanschaum aus. Der PU-Schaum sollte am besten mit einer Harzschicht versiegelt werden. In dieser Weise eingebaute Wasserbecken können nicht mehr aus dem Terrarium entnommen werden, und die Installation eines Abflusses ist daher zu empfehlen.

Bei der Haltung von Arten mit einer hohen Bindung an feuchte Lebensräume müssen große bis sehr große Wasserbecken im Terrarium vorhanden sein. Man kann solche Wasserbecken sehr einfach erstellen, indem man bei der Planung des Terrariums die Möglichkeit vorsieht, ein Vollglasaquarium zu integrieren (BLAUSCHECK 1988; GRUNWALD & KEMP 1995e; RUPPEL 2002). Bei sehr großen Anlagen und bei der Haltung großwüchsiger Arten reichen Glasaquarien jedoch nicht mehr aus. Hier empfiehlt es sich, das entsprechende Becken zu betonieren. Man kann beispielsweise mit Gasbeton-Steinen, die sich sehr leicht schneiden und auch modellieren lassen, aber auch mit Kalksandsteinen die Grundform des Beckens aufbauen und für eine Terrassierung

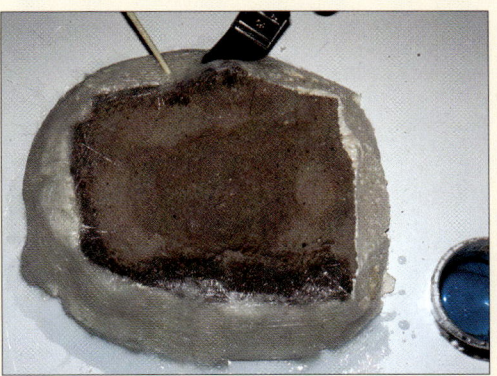

Die auf der linken Seite vorgestellte Beckenkonstruktion kann auch nachträglich fest in ein Terrarium eingebracht werden, indem man die Hohlräume darunter mit PU-Schaum ausschäumt. Die jetzt offen liegenden Teile aus PU-Schaum sollten noch einlaminiert werden. Installiert man ein solches Wasserbecken über einer Bohrung im Terrarienboden und bohrt das Wasserbecken ebenfalls an, kann man auch einen Abfluss installieren. Foto: T. Wilms

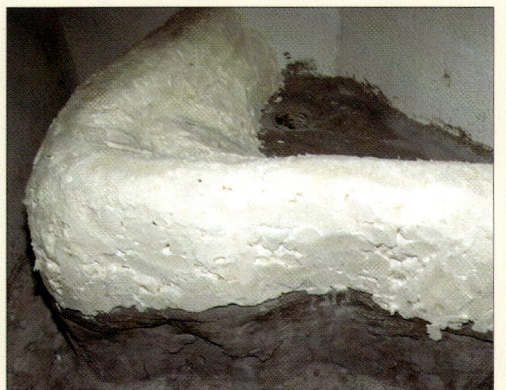

Grundform eines Wasserbeckens in einem Großterrarium. Das Wasserbecken gefindet sich auf einem Sockel (betoniert oder gemauert), auf den der Uferbereich mit PU-Schaum aufmodelliert wurde.

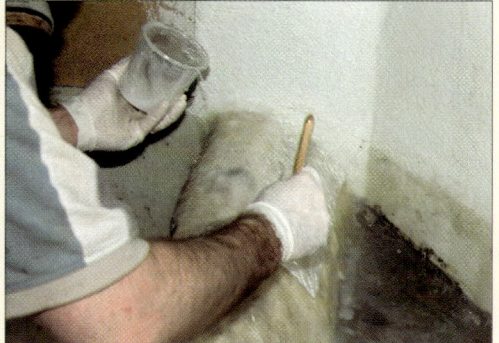

Das Becken wird mit Harz und Glasfasermatten einlaminiert. Zur Gestaltung des Ufers wird später der noch feuchte Harz mit Sand abgestreut.

Der innere Bereich des Beckens wurde, um die Reinigung zu vereinfachen, nochmals mit Harz abgedichtet. Es entstand eine glatte, gut zu reinigende Obefläche.
Fotos: T. Wilms

des Uferbereiches sorgen. Diese Unterkonstruktion wird anschließend mit wasserdichtem Beton (Güte B 25) in einer Stärke von 10–15 cm beschichtet. In den Beton müssen auf jeden Fall Bewehrungsmatten, wie sie im Estrichbau Verwendung finden, eingearbeitet werden, um ein Reißen der Betonoberfläche zu verhindern (BUCHERT & HECKEL 2003). Eine abschließende Beschichtung des fertigen Betonbeckens, z. B. mit einem geeigneten Epoxidharz, ist auf alle Fälle notwendig. Eine weitere Möglichkeit, große Wasserbecken in ein Terrarium einzubringen, besteht in der Nutzung von Wannen aus glasfaserverstärktem Kunststoff oder in der Verwendung von Kunststoffgartenteichen (KRASULA 1988; WESIAK 1996).

Wasserfall und Wasserläufe

Eine wichtige Voraussetzung bei der Auswahl von Materialien für den Bau eines Wasserfalls oder eines Wasserlaufes ist ihre dauerhafte Beständigkeit gegenüber Feuchtigkeit. Die Oberflächen dürfen nicht porös oder saugfähig sein und sollten mit einem geeigneten Werkstoff versiegelt werden. Die Wahl der Oberflächenversiegelung hängt in erster Linie von der zu erwartenden Beanspruchung durch die gepflegten Tiere ab. Bei der Haltung kleiner Arten, wie kleiner Saumfinger (*Anolis*), Geckos, klein bleibender Froschlurche (beispielsweise Pfeilgiftfrösche, Mantellen, Laubfrösche) und anderer kleinwüchsiger Arten, reicht eine Beschichtung mit Silikon vollkommen aus. Bei größeren Arten oder ungestümen Tieren sollte man man eine robustere Beschichtung wählen. Empfehlenswert für diese Anwendung ist vor allem Epoxidharz. In beiden Fällen wird auf die noch feuchte Oberfläche natürliches Substrat aufgebracht. Es eignen sich Korkgrus, gemahlenes Xaxim, Sand, feiner Kies und Kokosfasern. Korkgrus kann man leicht selbst herstellen, indem man Korkstückchen mit einer alten Küchenmaschine grob raspelt. Je nachdem, welchen Kork (hellen Zierkork, dunklen Dachdeckerkork) man verwendet, erhält man eine unterschiedlich gefärbe Oberfläche.

Ich empfehle als Baumaterial für Wasserläufe und Wasserfälle vor allem Styropor, Styrodur, Po-

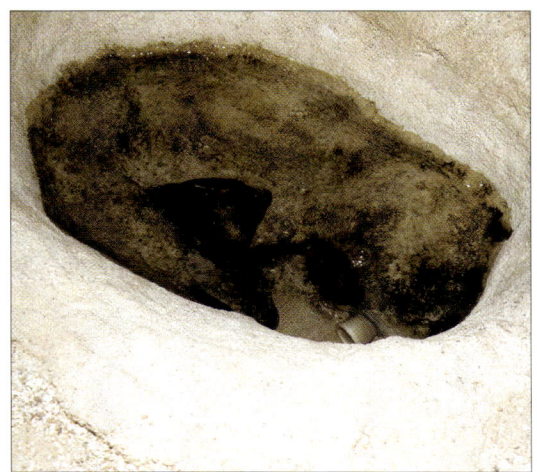

Betoniertes Wasserbecken mit Ablauf Foto: T. Wilms

Der Wasserablauf sollte in einem Paludarium wenn möglich als Oberflächenabsaugung gestaltet werden. Dadurch wird die sog. Kahmhaut effektiv beseitigt. Foto: T. Wilms

lyurethan-Schaum und GFK. Diese Werkstoffe lassen sich relativ leicht bearbeiten, sind unempfindlich gegenüber Feuchtigkeit, und den Gestaltungsmöglichkeiten sind kaum Grenzen gesetzt. Ein wichtiger Punkt bei der Planung eines Wasserfalls oder eines Bachlaufes in einem Terrarium ist die Ausführung des Wassergefäßes, aus dem der Bach oder der Wasserfall gespeist wird – und noch wichtiger, in den das Wasser wieder zurückfließen soll. In kleinen Terrarien kann man einen doppelten Boden vorsehen, der als Wasserreservoir dient und in dem die Pumpe installiert wird (LÖHMANN 2000). Diese Lösung stellt die mit Abstand einfachste Variante dar, da in diesem Fall das Wasser nur die Möglichkeit hat, wieder in den vorgesehenen Vorratsbehälter zu fließen. Dabei ist es völlig unwichtig, welchen Weg das Wasser nimmt, sodass auch ein zu klein dimensioniertes „Bachbett" oder ein zu geringes Gefälle keine Probleme bereiten. Die zweite Möglichkeit ist, dass der Wasserfall oder der Wasserlauf direkt in einen Wasserbehälter münden, z. B. in den Wasserteil eines Aquaterrariums. Bei dieser Lösung ist es besonders wichtig, dass sowohl die Leistung der Pumpe als auch das Fassungsvermögen des „Bachbetts" und das Gefälle des Wasserfalls exakt aufeinander abgestimmt sind. Es muss auf jeden Fall verhindert werden, dass das System überläuft und Was-

ser in die Bodenwanne gelangt, da ansonsten der Landteil unweigerlich versumpfen würde. Eine weitere Schwachstelle kann die Beschichtung der Unterkonstruktion sein. Verwendet man Torf als Streugut, kann es passieren, dass aufgrund der Saugwirkung des Materials permanent Wasser aus dem „Bachbett" herausgesaugt wird und in die Bodenwanne fließt. Um das zu verhindern, kann man das „Bachbett" innen mit einer dünnen Harzschicht auskleiden. Eine sehr gute Beschreibung für den Bau eines künstlichen Wasserfalls liefert LÖHMANN (2000). Als Material dienen Styroporplatten, die mit Hilfe eines Messers, eines Heißluftföns und eines Gaslötstifts modelliert werden. Als Bodenplatte wird eine dicke Styroporplatte verwendet, die man auf die Maße des gewünschten Landteils zuschneidet. Anschließend wird aus unterschiedlich dicken Styroporplatten der eigentliche Hügel aufgeschichtet, von dem der Wasserfall herunterfließen soll. Zunächst arbeitet man die Konturen des Hügels nur grob mit einem Cuttermesser heraus. Erst anschließend werden Miniaturteiche, Wasserläufe, Höhlen und Pflanzlöcher modelliert. Man sollte auf jeden Fall die Strukturen sehr großzügig herausarbeiten, da die Beschichtung wieder etwas Material aufträgt. Bei zu sparsam ausgeführten Strukturen besteht da-

Die Grundform des Wassrfalls wird in das Styropor ein-modelliert und die Anlage mit dunkler Dispersionsfarbe gestrichen ...

... anschließend beginnt man das Werkstück mit Epoxidharz zu streichen und streut auf das noch feuchte Harz den gewählten Naturstoff (hier Kokosfasern). Alles gut andrücken!

Frisch eingerichtete Anlage. Jetzt müssen nur noch die Pflanzen wachsen! Fotos: T. Wilms

her die Gefahr, dass diese wieder vollständig verfüllt werden. Der fertige Styroporrohling sollte mit einem Heißluftfön bearbeitet werden, um seine Oberfläche zu verfestigen. Anschließend muss man dafür sorgen, dass die evtl. beim Modellieren mit Heißluft oder mit dem Gaslötstift entstandenen scharfen Kanten entfernt werden. Dies bewerkstelligt man am besten, indem man mit einem Arbeitshandschuh über die Oberfläche reibt. Der nun fertig gestaltete Styroporrohling kann mit der Oberflächenbeschichtung versehen werden. Man sollte dafür auf jeden Fall schwarz eingefärbtes Material (Silikon, Epoxidharz) verwenden, um zu verhindern, dass das weiße Styropor an Stellen, die nicht perfekt mit Streugut (z. B. Korkgrus, gemahlenes Xaxim und Kokosfasern) abgedeckt werden, durchschimmert. Wer kein eingefärbtes Epoxidharz verwenden möchte, kann auch den Styroporrohling mit einer Acrylfarbe dunkelbraun oder schwarz streichen und anschließend die Beschichtung mit farblosem Epoxidharz durchführen. Bei der Beschichtung mit Epoxidharz hat es sich bewährt, das Harz etwas anzudicken. Dafür stehen Zusätze im Fachhandel zur Verfügung. Sowohl bei Epoxidharz als auch bei der Verwendung von Silikon muss als letzte Schicht Streugut aufgebracht werden, das für eine naturnahe Optik der Oberfläche sorgt. Dazu wird das ausgewählte Material (oder ein Gemisch aus verschiedenen Materialien) auf das noch feuchte Epoxidharz bzw. Silikon aufgestreut und mit der Hand fest angedrückt (Achtung: Gummihandschuhe tragen!). Am nächsten Tag kann man überschüssiges Material absaugen. Der fertige Einrichtungsgegenstand sollte noch einige Tage ausdünsten, bevor man ihn in das Terrarium einbringt und die Tiere einsetzt.

Ufer- und Rückwandgestaltung im Wasserteil eines Paludariums

Für die Gestaltung von Uferbereichen in einem Paludarium stehen die unterschiedlichsten Materialien zur Verfügung. Neben natürlichen Stoffen (Kork, Xaxim, Holz, Steine) kommen eine ganze Reihe unterschiedlicher Kunststoffe (Polyurethan-Schaum, Styropor, Styrodur, Polyesterharz, Epoxidharz) sowie deren Kombinationen in Frage. Man kann den Uferbereich mit eingefärbtem Polyurethan-Schaum gestalten und in den noch nicht ausgehärteten Schaum Steine oder entsprechende Stücke eines geeigneten Holzes eindrücken. LÜDDECKE (1993) beschreibt die Ufergestaltung in einem Froschterrarium durch eine stufenartig vom Wasser aufsteigende Landschaft aus Styroporplatten. Die Platten wurden mit einer Acrylfarbe an die Umgebungsfärbung angepasst. Eine weitere Möglichkeit ist die Verwendung von Torfplatten, mit denen man sehr schöne Uferbereiche gestalten kann (POLDER 1992). Die Platten werden entsprechend zurechtgeschnitten und können mit der Zeit von Moosen bewachsen werden, was einen sehr schönen, natürlichen Eindruck erweckt. Solche Uferbereiche eignen sich jedoch nur für die Pflege kleiner Arten, die keine mechanischen Beschädigungen an der Einrichtung verursachen.

Eine schöne Methode, die Verbindung zwischen Wasser- und Landteil herzustellen, ist die Gestaltung eines unterspülten Uferhanges (SCHALLER 1980; GRUNWALD & KEMP 1995; BAUER 2001). Es wird im Prinzip eine Galerie als Landteil im Terrarium installiert, indem man etwa in Höhe der geplanten Wasseroberfläche eine horizontal angebrachte Glasscheibe und darauf rundum eine schmale Glasscheibe als vorderen und seitlichen Abschluss mit Silikonkleber befestigt. In die so entstehende Wanne kann der Bodengrund eingefüllt und damit der Landteil gestaltet werden. Der senkrechte Glasstreifen, also die Begrenzung des Landteils, kann mit Kork-, Torf- oder Xaximplatten oder mit Polyurethan-Schaum kaschiert werden. Es entsteht so unter dem Landteil ein abgedunkelter Bereich, sodass auf eine Gestaltung der Rückwand unter Wasser gänzlich verzichtet werden kann. Diesen Effekt kann man unterstützen, indem man schwarzen Karton von außen gegen die Aquarienscheiben klebt. Durch eine solche Gestaltung des Uferbereiches erreicht man den Eindruck einer sich im Dunklen verlierenden Begrenzung des Wasserteils.

Wie bereits angedeutet, eignet sich Polyurethan-Schaum hervorragend für die Gestaltung eines Ufers, einer Uferböschung und der Rückwand im Wasserteil eines Paludariums. Das Material kann sowohl über als auch unter Wasser verwendet werden, und es lässt sich leicht verarbeiten. Ausgehärteter und gewässerter Polyurethan-Schaum ist frei von Giftstoffen und kann bedenkenlos auch unter Wasser eingesetzt werden. Das Material wird auch bei der Haltung von Süß- und Meerwasserfischen eingesetzt und schädigt selbst empfindliche Wasserorganismen nicht (VON ELM 1981; MAYLAND 2000). Einen Nachteil hat der Polyurethan-Schaum jedoch trotzdem: Er ist sehr leicht und verfügt unter Wasser über einen enormen Auftrieb. Man muss daher dafür sorgen, dass das Material eine sehr gute Verbindung mit der Wandung des Wasserbeckens eingehen kann. Eine sehr gute und praktikable Lösung für dieses Problem bietet GRIEBEL (1984). Dieser Autor empfiehlt, bei der Gestaltung einer Uferböschung eines Paludariums auf die tragende Glasscheibe mit Silikon schmale Glasstreifen senkrecht und waagerecht aufzukleben, in deren verschachtelter Struktur der Polyurethan-Schaum dann sicheren Halt findet. Man sollte jedoch darauf achten, dass diese Glasstege so angeordnet sind, dass zwischen den Seitenscheiben des Aquariums und den Stegen keine engen Bereiche entstehen, da ansonsten die Aquarienscheibe durch den Druck des Schaumes beschädigt werden könnte. Eine so gestaltete Uferpartie lässt sich aber kaum mehr aus dem Aquarium entfernen. Eine alternative Methode besteht darin, die tragende Glasscheibe vor dem Auftragen des Polyurethan-Schaumes mit einer Kunststofffolie abzudecken. Die fertig modellierte Uferwand kann dann problemlos herausgenommen und mit Aquariensilikon auf die Glasscheibe aufgeklebt werden. Auch bei dieser Methode ist es schwer, die Rückwand wieder zu entfernen, es ist aber mit etwas Geduld durchaus möglich.

Bevor man mit dem Aufschäumen der Rückwand beginnt, sollte man alle benötigten Installationen (Schläuche, Rohre, Kabel) befestigt haben. Man beginnt dann damit, die Rückwand von unten nach oben aufzuschäumen, es empfiehlt sich jedoch, diesen Arbeitsschritt in mehreren Etappen durchzuführen. Dadurch wird verhindert, dass die

Dendrobates azureus in einem Regenwaldterrarium.
Nach einiger Laufzeit siedeln sich Moose und Ableger
der eingesetzten Pflanzen im Uferbereich an und sorgen
auch hier für eine dichte Vegetation.
Foto: M. Schmidt/M. Salevski

Uferbereich und Rückwand des Aquariums in einem Paludarium. Die Gestaltung erfolgte mit eingefärbtem PU-Schaum.
Foto: T. Wilms

Rückwand vor dem Aushärten unter dem eigenen Gewicht in sich zusammenfällt (GRIEBEL 1984b). In den noch feuchten Schaum kann man verschiedene Dekorationsmaterialien (Sand, Kies, Holz und kleine Steine) eindrücken und die Oberfläche mit Torffasern, Korkgrus oder ähnlichen Stoffen abstreuen, um die hellgelbe bis beige Farbe des Kunststoffes zu kaschieren. Schwere Dekorationsstücke, wie Steine oder Holzstücke, sollten erst in den PU-Schaum eingedrückt werden, wenn dieser bereits beginnt, sich zu verfestigen. Berücksichtigt man dies nicht, kann es passieren, dass diese Gegenstände vollständig in den noch zu weichen Schaum einsinken. Der vollständig ausgehärtete Schaum lässt sich sehr gut mit einem scharfen Messer nachbearbeiten. Dabei verletzt man jedoch die geschlossene Haut der geschäumten Rückwand und erhält eine fein-offenporige Oberfläche, sodass sich ein Teil des porösen Schaumes später mit Wasser vollsaugt. Beim Bau einer Rückwand für den Wasserteil eines Paludariums ist dieses Verhalten völlig unproblematisch, während man beim Bau von Rückwänden im Landteil eines Terrariums dafür sorgen muss, dass die poröse Oberfläche durch geeignete Materialien wieder verschlossen wird, um das Gewicht der Wand durch aufgesogenes Wasser nicht unnötig zu erhöhen.

Die ausgehärtete und modellierte Wand kann zum Schluss noch mit entsprechenden Farben nachbearbeitet werden. Dazu eignen sich wasserunlösliche und ungiftige Farben, z. B. Kaseinfarben (Plaka- und Abtönfarben) oder auch Acryllacke (SCHAEFER 1999).

Es muss an dieser Stelle aber darauf hingewiesen werden, dass eine so hergestellte Rückwand sich nur für die Pflege von Arten eignet, die den Untergrund nicht mechanisch beanspruchen. Bei der Haltung von Arten, die sich mit ihren Krallen an der Rückwand festhalten oder an ihr aus dem Wasser herausklettern, muss die Oberfläche wesentlich widerstandsfähiger sein. Zur Beschichtung einer Wand aus Polyurethan-Schaum eignen sich in diesem Fall Epoxid- oder Polyesterharze, die mit verschiedenen Naturstoffen (Sand, Kies, Lehm, Korkgrus etc.) bestreut werden.

Als Alternativmethode ist es selbstverständlich auch möglich, die Rückwand im Wasserteil aus Styropor oder Styrodur zu gestalten (SCHAEFER

1999; VOET 2002). Ähnlich der Vorgehensweise beim Bau einer Rückwand für den Landteil wird die Oberfläche der entsprechend zugeschnittenen Platte durch Kratzen, Schnitzen und Schmelzen des Materials strukturiert. Die Gestaltung der Oberfläche kann entweder durch die bereits erwähnten Farben oder durch die Verwendung von Epoxidharz vorgenommen werden.

Eine sehr schöne, wenn auch aufwändige Methode zur Herstellung naturähnlicher Uferböschungen aus gebranntem Ton beschreibt SUTTNER (1989). Sie bedient sich einer Negativform aus Beton, mit deren Hilfe die eigentliche Rückwand geformt wird. Nach dem Trocknen wird das Objekt in einem Töpferofen gebrannt und ist danach einsatzbereit. Es entstehen Rückwände, die entsprechend dem natürlichen Vorbild einer Uferböschung mit Überhängen, Höhlen und Terrassen versehen werden können. Die Wand hat eine Dicke von ca. 2 cm und kann so geformt werden, dass zwischen Rückwand und Aquarienwand ein Hohlraum entsteht, in dem Filterstutzen und Heizer untergebracht werden können.

Eine sehr einfache und kostengünstige Möglichkeit, die Rückwände eines Wasserteils zu gestalten, ist die Verwendung von Presskorkplatten (FEHRINGER 1995). Die Platten werden mit Aquariensilikon auf die tragende Glasscheibe aufgeklebt. Dabei sollte man sehr gewissenhaft arbeiten, da eine sichere Verklebung aufgrund des Auftriebs der Platte von großer Bedeutung ist. Gute Resultate lassen sich erzielen, wenn man auf den Kork und auf das Glas jeweils eine Holzplatte legt und diese mit der Hilfe einiger Schraubzwingen mit wenig Druck anpresst. Der Wasserteil kann befüllt werden, nachdem das Silikon ausgehärtet ist. Es ist jedoch ratsam, das Wasser einige Male zu wechseln, da der Kork das Wasser zu Beginn rasch dunkel färbt.

Neben Presskork kann auch natürliche Korkrinde als Rückwandgestaltung unter Wasser eingesetzt werden (SUTTNER 1995). Es eignen sich vor allem Korkstücke, die unter hohem Druck plan gepresst wurden und daher in Plattenform angeboten werden. Man sollte jedoch darauf achten, dass man keine Korkplatten erwirbt, die auf einer Seite mit einem anderen Material kaschiert

sind (Presskork, Holz). Die Verklebung könnte sich unter Wasser lösen und schädliche Stoffe an das Wasser abgeben. Neben dem Kork mit der sehr groben Borke des allseits bekannten „Zierkorks" gibt es auch Platten, die nur eine geringe Oberflächenstruktur aufweisen. Dieser Kork stammt von Korkeichen, die schon einmal geschält worden waren. Es handelt sich also um eine regenerierte Borke. Sie hat unter Wasser eine dunkelbraune Färbung und ist nur leicht borkig, wobei die Risse einheitlich von unten nach oben verlaufen – wie bei einem „normalen" Baum (SUTTNER 1995).

Solche Korkrückwände können mit verschiedenen Wasserpflanzen, z. B. *Anubias*, *Microsorum* und Javamoos, bepflanzt werden, die aufgrund der Oberflächenstruktur gut Halt finden. Die Pflanzen können z. B. mit gebogenen PVC-Schweißstäben festgesteckt werden (FEHRINGER 1995; SUTTNER 1995).

Eine etwas außergewöhnliche Methode der Rückwandgestaltung beschreibt GAST (2000). Dieser Autor hat eine Methode entwickelt, mit der man eine Matte aus Javamoos (*Vesicularia dubyana*) herstellen kann, die sich zur Gestaltung einer Rückwand im Wasserteil eines Paludariums gut eignet, sofern man keine kräftigen und ungestümen Tiere halten möchte. Die Matte wird in einer Art Sandwich-Bauweise erstellt, indem man ein Kunststoffgeflecht (geeignet ist eine Maschenweite von etwa 5 mm) locker mit einer Lage Javamoos belegt und darauf eine weitere Lage Kunststoffgeflecht breitet. Die beiden Lagen werden mit einer Nylonschnur ringsum vernäht. Zur Stabilisierung der Fläche werden sie noch in regelmäßigen Abständen mit Nylonschnur verknotet. Das Javamoos wird bald anfangen zu wachsen und das Kunststoffgeflecht überwuchern. Man erhält eine komplett mit Javamoos bewachsene Rückwand.

Selbstverständlich können auch vom Handel angebotene Fertigrückwände zur Gestaltung der Rückwand eines Paludarienwasserteils verwendet werden. Die Palette reicht von einfachen, mehr oder weniger planen Platten aus Polyurethan-Schaum bis hin zu sehr guten Rückwänden aus Kunstharz, die in Abgusstechnik hergestellt wurden (SCHAEFER 1998).

Beispiel für die im Text erwähnten „Totholzimitate" aus Keramik   Foto: S. Bergleiter

Totholzimitate aus keramischem Ton

Die Herstellung sehr naturgetreuer und dekorativer Totholzimitate aus keramischem Ton beschreibt BERGLEITER (2000). Diese Methode entstand aus dem Wunsch heraus, maßgefertigte Dekorations- und Strukturelemente für das Aquarium herzustellen, da es oftmals schwierig ist, Wurzeln und Stämme in der geeigneten Form und Abmessung zu finden. Als Material dient unterschiedlich gefärbter Ton (z. B. ein weiß und ein dunkelbraun brennender Ton). Durch eine spezielle Methode, den verschiedenfarbigen Ton einzurollen und auszuwalzen, entsteht eine feine, naturgetreue „Holzmaserung". Der Ton wird zunächst gut geknetet, anschließend formt man einen Quader mit den Maßen 10 x 20 x 30 cm. Mit einem gespannten Draht schneidet man davon eine Tonplatte herunter. Anschließend werden zwei Tonplatten unterschiedlicher Farbe aufeinander gelegt und beide Platten zusammen eingerollt. Diese Rolle wird ausgewalzt, und die entstandene Platte erneut eingerollt. Durch mehrmaliges Wiederholen dieser Prozedur kann man die entstehende Maserung immer feiner herausarbeiten. Abschließend werden von der ausgerollten Platte Streifen unterschiedlichster Form und Größe herausgeschnitten, aus denen das Totholzimitat geformt werden kann. Die fertigen Werkstücke werden getrocknet und anschließend gebrannt. Das Brennen muss in einem Töpferofen bei einer Temperatur von mindestens 400 °C erfolgen, um die benötigte Festigkeit der Keramik zu gewährleisten. Die gebrannten „Holzteile" können mit Aquariensilikon verklebt werden.

4. Danksagung

Ich möchte es an dieser Stelle nicht versäumen, mich sehr herzlich bei all jenen zu bedanken, die zum Gelingen dieses Buches beigetragen haben. Besonderer Dank gebührt den Mitarbeitern des Exotariums im Zoo Frankfurt und des Vivariums im Staatlichen Museum für Naturkunde Karlsruhe für die freundschaftliche Aufnahme während meiner Tätigkeit in beiden Instituten. Ich möchte mich besonders bei Rudolf Wicker und Hannes Kirchhauser sowie bei Dieter Vogel, Thomas Hüge, Andreas Kirschner, Harald Abend und Till Ostheim bedanken.

Besonders herzlichen Dank schulde ich Rita und Dieter Vogel, Heusenstamm, die mich während meiner Frankfurter Zeit quasi „adoptierten" und denen ich sowohl fachlich als auch menschlich sehr viel zu verdanken habe.

T. Ackermann, Aachen; U. Bartelt, Dienslaken; S. Bergleiter, Olching; W. Christ, Wiesbaden; F. Hulbert, Eltville; U. Krabbe-Paulduro & E. Paulduro, Maintal; P. Nowak, Rees; F. Schmidt, Hanau; M. Schmidt, Münster; T. Schreckenbach, Bad Dürkheim; M. Schröder, Hamburg; B. & W. Schwarz, Gladbeck; H. Zwartepoorte & M. Vriens, Rotterdam, stellten dankenswerterweise Fotos und Dokumentationen von Terrarieneinrichtungen zur Verfügung.

Bei Matthias Mähn (Langmeil), Nadine, Birgit und Tobias Schreckenbach (Bad Dürkheim), Ursula Krabbe-Paulduro und Ernst Paulduro (Maintal) sowie Rita und Dieter Vogel (Heusenstamm) bedanke ich mich für die kritische Durchsicht des Manuskriptes und die zahlreichen konstruktiven Anmerkungen. Stellvertretend für alle die ungenannten Terrarianer, die mir ihre Terrarien öffneten und mich fotografieren ließen, möckte ich mich bei Dr. Beat Akeret, Zürich bedanken.

Meinen Redakteurskollegen vom Natur und Tier - Verlag, Heiko Werning (Berlin) und Kriton Kunz (Speyer), danke ich dafür, dass sie meinem Manuskript den letzten Schliff gaben.

Last but not least möchte ich mich bei meiner Lebensgefährtin Beate Löhr bedanken, ohne deren Engagement, Verständnis und Fachkenntnis viele Haltungs- und Zuchterfolge – sowie meine teilweise mehrmonatigen Auslandsaufenthalte – nicht möglich gewesen wären.

*Agama impalearis –
ein Bewohner der
Blockschutthalden
Nordwestafrikas*
Foto: T. Wilms

5. Weiterführende Literatur

ABRAHAM, G. (1983): Deko-Felsen im Eigenbau. – Sauria, Berlin, 5(3): 29–32.

ACKERMANN, T. (2002): Planung, Bau und Einrichtung eines Wüstenterrariums. – DRACO, Natur und Tier – Verlag, Münster, 2(19): 26–40.

AKERET, B. (1992): Anleitung zum Bau eines Schlupfkastens für Vollglasterrarien. – herpetofauna, Weinstadt, 14(78): 6–10.

BALLETTO, E., M.A. CHERCHI & J. GASPERETTI (1985): Amphibians of the Arabian Peninsula. – Fauna of Saudi Arabia, Jeddah 7: 318–392.

BAUR, B. & R. M. MONTANUCCI (1998): Krötenechsen – Lebensweise, Pflege, Zucht. – Herpeton-Verlag, Offenbach, 158 S.

BAUER, T. (2001): Gestaltung von Aquarienrückwänden. – Aquarien-Praxis, Stuttgart, 3/2001: 4.

BECKER, R. (1980): *Bufo pardalis*, die Pantherkröte, als Untermieter in der Pflanzenvitrine. – DATZ, Stuttgart, 33 (1980): 354–356.

BENNETT, D. (1996) : Warane der Welt – Welt der Warane. – Edition Chimaira, Frankfurt, 382 S.

BERGLEITER, S. (2000): Dekorative Totholzimitate aus keramischem Ton. – Aquarien-Praxis, Stuttgart, 12/2000: 14–15.

BIRON, K. (1994): Mulch – eine Alternative zu Sand als Bodengrund. – elaphe, Rheinbach, 2(2): 13–14.

BLAUSCHECK, R. (1988): Das Paludarium. – Landbuch-Verlag, Hannover, 160 S.

BÖHME, W. (2003): Zur Kenntnis aggressiver Auseinandersetzungen frei lebender Schmetterlingsagamen (Gattung *Leiolepis* CUVIER), mit einer bei Wirbeltieren bisher unbekannten Lokomotionsform. – DRACO, Natur und Tier - Verlag Münster, 4(14): 34-39.

BRADSHAW, S.D. (1986): Ecophysiology of Desert Reptiles. – Academic Press Australia, Sydney, 324 S.

BRANCH, B. (1998): Field Guid to Snakes and other Reptiles of southern Africa. – Struik Publishers, Cap Town, 399 S.

BRÜNNER, G. (1981): Terrarienpflanzen richtig gepflegt. – Kosmos Verlag, Stuttgart, 96 S.

– (1982): Wie gestalten wir einen Epiphytenast. – aquarien magazin, 8(82): 466–469.

BUCHERT, P. & J.-O. HECKEL (2003): Bau einer Anlage zur Haltung großer Wasserschildkröten im Zoo Landau. – DRACO, Natur und Tier - Verlag Münster, 4(13): 53–57.

CLOUDSLEY-THOMPSON, J. (1979): Wildlife of the deserts. – Hamlyn Publ., London, New York, Sydney, Toronto, 96 S.

DIMAKI, M.; VALAKOS, E. D. & A. LEGAKIS (2000) Variation in Body temperatures of the African Chamaeleon *Chamaeleo africanus* LAURENTI, 1768 and the Common Chamaeleon *Chamaeleo chamaeleon* (LINNAEUS, 1758). – Belg. J. Zool. 130: 87–91.

DITTRICH, P. (1983): Biologie der Sahara. – Uni-Druck, München, 213 S.

DONOSO-BÜCHNER, R. (1997): Torf und Laub als Bodengrund. – DATZ PRAXIS, Stuttgart, :67–69.

DOUSSIER, T. (2001): Materialien zur Rückwandgestaltung in Regenwaldterrarien. – REPTILIA, Natur und Tier - Verlag, Münster, 6(5): 32–36.

DUELLMAN, W. E. & L. TRUEB (1986): Biology of Amphibians. – McGraw-Hill Book Co., New York, St. Louis, San Francisco, 670 S.

ELM, D. von (1981): Gestaltung einer Aquarienrückwand mit PU-Schaum. – DATZ, Stuttgart, 34 (1981): 286–287.

EVENARI. M. (1985a): The Desert Environment. – S. 1–21 in EVENARI, M., I. NOY-MEIR &

D.W. GOODALL (1985): Hot desert and arid shrublands. – Ecosystems of the World12A, Elsevier, Amsterdam.

– (1985b): Adaptations of Plants and Animals to the Desert Environment. – S.79–92 in EVENARI, M., I. NOY-MEIR & D.W. GOODALL (1985): Hot desert and arid shrublands. – Ecosystems of the World 12A, Elsevier, Amsterdam.

FEHRINGER, P. (1995): Preßkork als Dekorationsmaterial. – DATZ, Stuttgart, 5/95: 327–328.

GAßNER, P. (2000): Haltung und Vermehrung von *Tiliqua gigas* (SCHNEIDER, 1801) im Terrarium. in HAUSCHILD, A.; K. HENLE; R. HITZ, G. SHEA & H. WERNING: Blauzungenskinke, Natur und Tier-Verlag, Münster: 190–194 .

GAST, M. (2000): Empfehlenswerte Aquarienpflanzen – Das Javamoos. – VDA-aktuell 3/2000: 61–63.

GRENOT, C. (1976): Ecophysiologie du Lézard saharien *Uromastyx acanthinurus* BELL, 1825 (Agamidae herbivore). – École Normale Supérieure Publications du Laboratoire de Zoologie, Paris, No. 7, 304 S.

GRIEBEL, M. (1984a): Das Paludarium – 1. Grundgedanken. – Sauria, Berlin, 6(2): 23–24.

GRIEBEL, M. (1984b): Das Paludarium – 2. Gesamtkonzept und Ufer. – Sauria, Berlin, 6 (3): 17–21.

– (1984c): Das Paludarium – 3. Kombinationsmöglichkeit, Bodengrund und Wasser. – Sauria, Berlin, 6(4): 25–27.

– (1985a): Das Paludarium – 4. Terrarienklima. – Sauria, Berlin, 7(1): 17–17.

– (1985b): Das Paludarium – 5. Pflanzen- und Tierbesatz . – Sauria, Berlin, 7(2): 13–15.

GRUNWALD, N. & P. KEMP (1995a): Das Paludarium, Teil 1: Vorwort und Einleitung. – Das Aquarium 308: 2–3.

– (1995b): Das Paludarium, Teil 2: Am Anfang steht die Planung. – Das Aquarium 309: 18–20.

– (1995c): Das Paludarium, Teil 3: Die sinnvolle Größe. – Das Aquarium 310: 17–19.

– (1995d): Das Paludarium, Teil 4: Der äußere und innere Aufbau. – Das Aquarium 311: 19–23.

– (1995e): Das Paludarium, Teil 5: Werdegang des äußeren und inneren Aufbaus. – Das Aquarium 312: 24–26.

– (1995f): Das Paludarium, Teil 6: Fische für den Wasserteil. – Das Aquarium 313: 8–13.

– (1995g): Das Paludarium, Teil 7: Zur Pflege von Reptilien und Amphibien. – Das Aquarium 314: 39–44.

– (1995h): Das Paludarium, Teil 8: Pflanzen für den Wasserteil. – Das Aquarium 315: 21–26.

– (1995i): Das Paludarium, Teil 9: Pflanzen für den Landteil. – Das Aquarium 316: 20–26.

– (1995j): Das Paludarium, Teil 10: Bau eines Epiphytenstammes, Pflanzenpflege und Pflanzenschädlinge. – Das Aquarium 317: 24–26.

– (1995k): Das Paludarium, Teil 11: Technische Ausrüstung. – Das Aquarium 318: 17–24.

GRÜNEWALD, G., E. HÖLLER & D. STRANZ (1982): Länder und Klima – Nord- und Südamerika, Brockhaus – Texte und Tabellen, Wiesbaden. 130 S.

– (1983): Länder und Klima – Afrika, Brockhaus – Texte und Tabellen, Wiesbaden. 130 S.

GUTJAHR, A. (1998): Eine Orchidee für das Paludarium. – Das Aquarium 350: 54–55.

HALLER-PROBST, M. (1997): Die Verbreitung der Reptilia in den Klimazonen der Erde unter Berücksichtigung Känozoischer Vorkommen Europas. – Cour. Forsch.-Inst.Senckenberg, Frankfurt, 203: 1–67.

HATTANO, F. H., D. VRCIBRADIC, C.A.B. GALDINO, M. CUNHA-BARROS, C.F.D. ROCHA & M. VAN SLUYS (2001): Thermal Ecology and Activity Patterns of the Lizard Community of the Restinga of Jurubatiba, Macaé, R.J. – Rev. Brasil. Biol. 61(2): 287–294.

HEATWOLE, H. (1983): Pysiological Responses of Animals to Moisture and Temperature. – S. 239–265 in LIETH, H. & M. WERGER (Hrsg.): Tropical Rain Forest Ecosystems. – Ecosystems of the World 14B, Elsevier, Amsterdam.

HENKEL, F.-W. & W. SCHMIDT (1997): Terrarien-Bau und Einrichtung. – Verlag Eugen Ulmer, Stuttgart, 168 S.

HILGENHOF, R. (1996): Bau eines Paludariums unter besonderer Berücksichtigung der gemeinsamen Haltung arboricoler Echsen und kleiner Wasserschildkrötenarten. – Sauria, Berlin, 18(3): 17–27.

JOGER, U. & K. COURAGE (1999): Are Palearctic „Rattlesnakes" (Echis and Cerastes) Monophyletic? – Kaupia, Darmstadt, 8: 65–81.

KADEN, J. (1974): Die Lagune im Wohnzimmer. – aquarien magazin, 1975(12): 520–525.

KÖHLER, G. (2002): Schwarzleguane – Lebensweise, Pflege, Zucht. – Herpeton-Verlag, Offenbach, 142 S.

KOFAL, U. (1986): Ein altes Thema neu gesehen: Rückwand-Wasserfall-Teich, Bach und Boden. – DATZ, Stuttgart, 39(1986): 427–429.

KOKOSCHA, M. (1997): Ein saurer Bodengrund. – DATZ Praxis, Stuttgart, 3/1997: 12–13.

KRABBE-PAULDURO, U. & E. PAULDURO (1991): Bodengrund im Terrarium – einmal ganz anders. – Sauria, Berlin, 13(4): 15–18.

KRAFTHÖFER, H. (1997): Es geht doch: Bodengrund aus der Kiesgrube. – DATZ Praxis, Stuttgart, 5/1997: 24.

KRASULA, K. (1988): Haltung und Zucht der Segelechse Hydrosaurus pustulatus. – Herpetofauna, Weinstadt, 10(53): 30–34.

KUNZ, K. (2003): Krallenfrösche, Zwergkrallenfrösche, Wabenkröten – Pipidae in Natur und Menschenhand. – Natur und Tier - Verlag, Münster, 118 S.

LAMOTTE, M. (1983): Amphibians in Savanna Ecosystems. – S. 313–323 in BOURLIÈRE, F. (Hrsg.): Tropical Savannas. – Ecosystems of the World 13, Elsevier, Amsterdam

LANGER, A. (2003): Glasfaserverstärkter Kunststoff (GFK) – ein perfektes Material zum Bau von Teichen für die Freilandhaltung von Wasserschildkröten. – DRACO, Natur und Tier - Verlag, Münster, 4(13): 25–31.

LIPP, H. (2002): Ein Terrarium für Phelsumen. DRACO, Natur und Tier - Verlag, Münster, 3(11): 20–26.

LÖHMANN, D. (2000): Bau eines künstlichen Wasserfalls aus Styropor. – DRACO, Natur und Tier - Verlag, Münster, 1(3): 50–57.

LÜDDECKE, H. (1993): Gruppenhaltung des Raketenfrosches Colostethus palmatus (Dendrobatidae). – elaphe N.F., Rheinbach, 1(3): 14–16.

MAYLAND, H. J. (2000): Süßwasser-Aquarium. – Bassermann-Verlag, 287 S.

MORCHE, H. (1992): Preiswerte Wurzeln gefällig? – DATZ, Stuttgart, 8/92: 532–533.

MÖHLMANN, F. (1983): Das Paludarium – die „grüne Hölle" im Heim. – Aquarien Magazin 12(1983): 618–623.

MÜLLER, M. J. (1987): Handbuch ausgewählter Klimastadionen der Erde. – Forschungsstelle Bodenerosion, Univ. Trier, 346 S.

MÜLLER P. M. (2003): Anmerkungen zum Gewicht von Terrarien und zu den Auswirkungen auf die Deckenstatik. – Sauria, Berlin, 25 (3): 21–23.

NIETZKE, G. (1977): Die Terrarientiere – Band 1. – E. Ulmer Verlag, Stuttgart, 2. überarb. u. verb. Aufl., 351 S.

– (1989): Die Terrarientiere – Band 1. – E. Ulmer Verlag, Stuttgart, 4. neubearb Aufl., 276 S.

NOY-MEIR, I. (1985): Desert Ecosystem Structure and Function . – S. 93–103 in EVENARI, M., I. NOY-MEIR & D.W. GOODALL (1985): Hot desert and arid shrublands. – Ecosystems of the World 12A, Elsevier, Amsterdam.

PARKER, H. W. & A. BELLAIRES (1972): Die Amphibien und die Reptilien. –Edition Recontre, Lausanne, 383 S.

PAULDURO, E. (1981): Hydrokultur im Terrarium. – herpetofauna, Weinstadt, 3(10): 32–33.

PAULDURO, E. (1991): Naturgetreue Steinaufbauten für Trockenterrarien. – DATZ, Stuttgart, 44(5): 307–309.

PÉREZ-MELLADO, V. (1992): Ecology of lacertid lizards in a desert area of eastern Morocco. – J. Zool. Lond. (1992)226: 369–386.

PFLUME, S. (1997): Bodengrund selbst beschaffen? – DATZ Praxis, Stuttgart, 3/1997: 11–12.

PFLUMM, W. (1989): Biologie der Säugetiere. – Pareys Studientexte 66, Verlag Paul Parey, Berlin & Hamburg, 565 S.

PIANKA, E. R. (1986): Ecology and Natural History of Desert Lizards. – Princeton University Press, Princeton, 208 S.

– (1994): The Lizards Man Speaks. – The University of Texas Press, Austin, 179 S.

POLDER, W. N. (1992): Ein feuchtwarmes Terrarium. – DATZ, Stuttgart, 12/92: 792–795.

– (1994): Ein Aqua-Terrarium. – DATZ, Stuttgart, 7/94: 457–461.

POUGH, F.H., R.M. ANDREWS, J.E. CADLE, M.L. CRUMP, A.H. SAVITZKY & K.D. WELLS (1998): Herpetology. – Prentice-Hall, Upper Saddle River, 577 S.

RAUH, J. (2000): Grundlagen der Reptilienhaltung. – Natur und Tier - Verlag, Münster, 215 S.

– (2000): Das Biotop im Wohnzimmer. – REPTILIA, Natur und Tier - Verlag, Münster, 5(1): 18–23.

RAUH, J. (2000): Bodensubstrate und Rückwandgestaltung. – REPTILIA, Natur und Tier - Verlag, Münster, 5(1): 33–38.

RICHTER, U. (1998): Ein Riffaquarium braucht seine Zeit. – DATZ, Stuttgart, 6/98: 373–374.

RIMPP, K. (1994): Urodelen-Aufzuchtterrarium für die Massen- oder Schnellaufzucht. – elaphe N.F. Rheinbach, 2(1): 15–17.

RÖHE, H. (2000): BIOLOGIE, Haltung und Fortpflanzung von Tiliqua rugosa konowi (MERTENS, 1958) – wo liegt die Herausforderung für eine erfolgreiche Nachzucht? – in HAUSCHILD, A.; K. HENLE; R. HITZ, G. SHEA & H. WERNING: Blauzungenskinke, Natur und Tier - Verlag, Münster: 99–107.

ROSER, J. (1980): Pflanzen im Terrarium – Bromelien. – herpetofauna, Weinstadt, 2(9): 13–15.

RUDOLPH, D. (1997): Steine für das Aquarium. – DATZ Praxis, Stuttgart,12/1997: 66–67.

– (1998): Steine für das Aquarium. – DATZ Praxis, Stuttgart, 1/1998: 3–4.

RUPPEL, R. (2002a): Das Paludarium, Teil 1: Bau und technische Ausstattung. – Das Aquarium 394: 64–68.

– (2002 b): Das Paludarium, Teil 2: Inneneinrichtung und Betrieb. – Das Aquarium 395: 61–64.

SAUER, S. B. STECK, H. SCHUCHART & H.G. HORN (2004): Vivarienbeleuchtung – Das richtige Licht in Aquarium und Terrarium. – Edition Chimaira, Praxis Ratgeber, Frankfurt, 287 S.

SCHAEFER, C. (1997 a): Bodengrundmaterialien. – DATZ Praxis, Stuttgart, 3/1997: 10–11.

– (1997 b): Fallaub. – DATZ Praxis, Stuttgart, 3/1997: 13–14.

– C. (1998): Das Aquarium von hinten betrachtet, Folge I: Rückwände aus dem Handel. – DATZ Praxis, Stuttgart, 9/1998: 66–67.

– (1999): Aquarienrückwände selbstgebaut. – DATZ Praxis, Stuttgart, 3/1999: 2–4.

– (2002 a): Wurzeln für das Aquarium, Teil 1. – Aquarien-Praxis, Stuttgart, 10/2002: 8–9.

– (2002 b): Wurzeln für das Aquarium, Teil 2. – Aquarien-Praxis, Stuttgart, 12/2002: 7–9.

SCHALLER, E. (1980 a): Die hängenden Gärten der Semiramis. – DATZ, Stuttgart, 33 (1980): 62–65.

– (1980 b): Die hängenden Gärten der Semiramis II. – DATZ, Stuttgart, 33 (1980): 99–101.

– (1980 c): Die hängenden Gärten der Semiramis III. – DATZ, Stuttgart, 33 (1980): 135–137.

– (1980 d): Die hängenden Gärten der Semiramis IV. – DATZ, Stuttgart, 33 (1980): 169–170.

SCHLEICH, H.- H. (1978): Polyesterharz im Terrarienbau. – Aquarien Magazin, Stuttgart, 8(1978): 410–411.

SCHLEICH, H. H., W. KÄSTLE & K. KABISCH (1996): Amphibians and Reptiles of North Africa. – Koelz Scientific Books, Koenigstein, 630 S.

SCHÖPFEL, H. (2002): Ein dekoratives Aquarium gestalten, Teil 2. – Aquarien-Praxis, Stuttgart, 9/2002: 12.

SCHRICKER, H. (1997): Materialien zur Einrichtung von Terrarien und deren Verwendung. – elaphe N.F., Rheinbach, 5(4): 19–24.

SCHMIDT, D. (1992): Halten wir unsere Terrarientiere artgerecht? – DATZ, Stuttgart, 11/92: 733–736.

SCHMIDT, A. (1970): Zur Verwendung von Schaumstoff bei der Amphibienpflege. – Salamandra, Frankfurt, 6(3/4): 131–133

SCHMIDT, M. (2000a): Ein unkompliziertes Zimmerterrarium. – REPTILIA, Natur und Tier - Verlag, Münster, 5 (1): 24–28.

– (2000b): Pfeilgiftfrösche im Terrarium. – DRACO, Natur und Tier - Verlag, Münster, 1(3): 32–49.

SCHULTZ, J. (2002): Die Ökozonen der Erde. – 3. Auflage, Verlag Eugen Ulmer (UTB), Stuttgart, 320 S.

SCHWARZ, B. (2002): Haltung und Nachzucht von *Dendrobates azureus*. – DATZ, Stuttgart, 7/2002: 26–27.

SCHWARZ, B. & W. SCHWARZ (2001): Bromelien, Orchideen und Farne im Tropenterrarium.- Natur und Tier- Verlag, Münster, 127 S.

– (2001): Pflanzen im Regenwaldterrarium. – REPTILIA, Natur und Tier - Verlag, Münster, 6(5): 37–41.

– (2003): Bepflanzung eines Epiphytenastes für das Terrarium. – REPTILIA, Natur und Tier - Verlag, Münster, 8(2): 36-39.

SCHWENK, K. & H.W. GREENE (1987): Water Collecting and Drinking in *Phrynocephalus helioscopus*: A possible Condensation Mechanism. – Journal of Herpetology 21(2): 134–139.

SEMAK, N. (1995): Warnung vor Rindenmulch als Alternative zu Sand als Terrariengrund. – elaphe N.F., Rheinbach, 3(4): 22–23.

SHERBROOKE, W.C. (1993): Rain-drinking Behaviors of the Australian Thorny Devil (Sauria: Agamidae. – Journal of Herpetology 27(3): 270–275.

STABÉN, K. (1993): Einige Pflanzen für den Epiphytenstamm im Terrarium. – DATZ, Stuttgart, 2/93: 108–111.

SUTTNER, R. (1989): Die Uferböschung im Aquarium. – DATZ, Stuttgart, 9/89: 569–570.

– (1993): Torf. – DATZ, Stuttgart, 9/93: 590–593.

– (1995): Korkrinde im Aquarium. – DATZ, Stuttgart, 6/95: 393–394.

STETTLER, P. H. (1981): Handbuch der Terrarienkunde. – Kosmos, Franckh`sche Verlagsbuchhandlung, Stuttgart, 228 S.

TOMEY, W.A. (2001): Ein schönes Feuchtterrarium zur Pflege von tropischen Peilgiftfröschen. – Das Aquarium 380: 64–66.

VERNET, R., M. LEMIRE, C. GRENOT & J.M. FRANCAZ (1988): Ecophysiological comparison between two large Saharan lizards *Uromastyx acanthinurus* (Agamidae) and *Varanus griseus* (Varanidae). – J. Arid Environment 14: 187–200.

VOET, H. (2002): Das Ströhmungsaquarium – ein Versuch. – DATZ, Stuttgart, 11/2002: 26–30.

VOGT, W. (1976): Rückwandgestaltung einmal anders. – DATZ, Stuttgart, 29 (1976): 72.

WAGER, V. A. (1986): Frogs of South Africa. – Delta Books LTD., Craighall, 183 S.

WENDENBURG, H. (1999): Moor-Torf-Aquaristik- Teil 5: Materialien für die Aquariendekoration. – Das Aquarium 360: 17–22.

WERNING, H. (2002): Wasseragamen und Segelechsen. – Natur und Tier - Verlag, Münster, 127 S.

WESIAK, K. (1996): Zum Bau von Aquaterrarien für großwüchsige Warane. – Sauria, Berlin, 18(1): 17–25.

WISTUBA, J. (2000): Axolotl. – Natur und Tier - Verlag, Münster, 79 S.

WILMS, T. (2001): Dornschwanzagamen – Lebensweise, Pflege und Zucht. – Herpeton- Verlag, Offenbach, 144 S.

WILMS, T. & F. HULBERT (2003): *Acanthodactylus boskianus*. – Sauria, Berlin, Suppl., 25(3): 597–602.

WITHERS, P. (1993): Cutaneous Water Acquisition by the Thorny Devil (*Moloch horridus*, Agamidae). – Journal of Herpetology 27(3): 265–270.

WOLFF, E. (1993): Schaumglas – ein anderes Material für Landschaftsgestaltung. – Sauria, Berlin, 15(1): 17–19.

ZUG , G.R., L.J. VITT & J. P. CALDWELL (2001): Herpetology, An Introductory Biology of Amphibians and Reptiles. – Academic Press, San Diego, San Francisco, New York, Boston, London, Sydney, Tokio, 630 S.

ZWARTEPOORTE, H. & M. VRIENS (2000): Kunstfelsen im Terrarium. – REPTILIA, Natur und Tier - Verlag, Münster, 5(1): 29–32.

REPTILIA – Das Terraristik-Fachmagazin
Modern und maßgeschneidert für Ihr Hobby

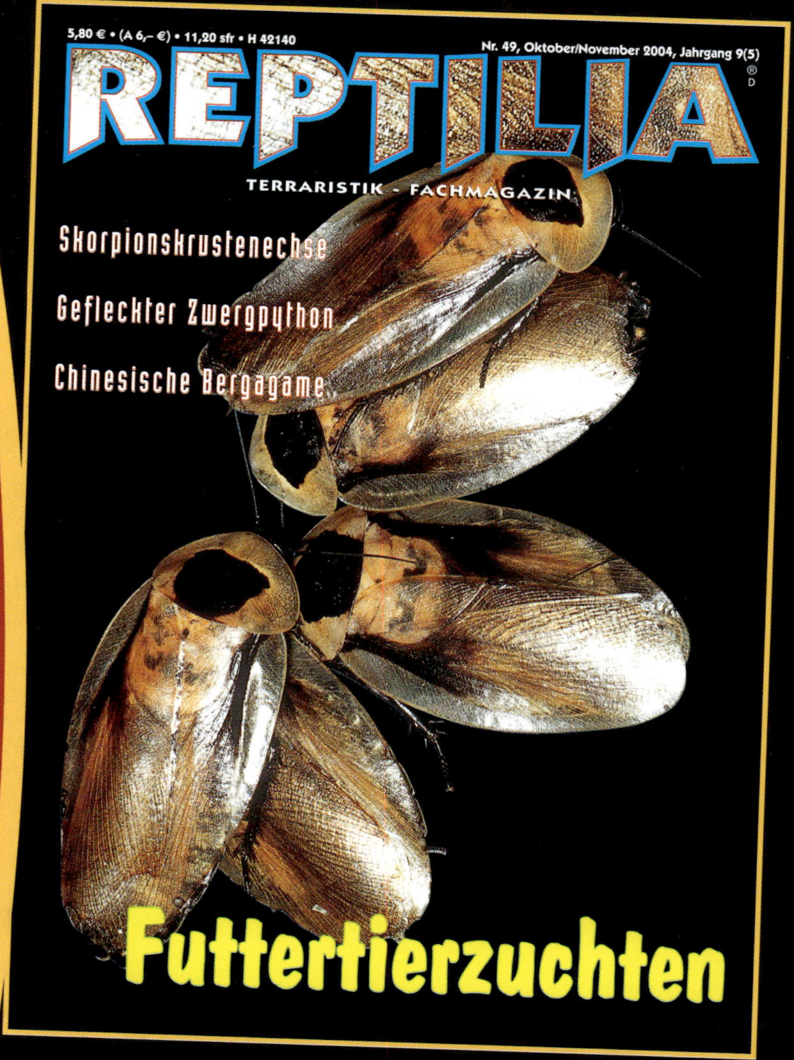